中药材生产先进实用技术丛书

中药材南繁技术

◎ 杨新全 魏建和 主编

中国农业科学技术出版社

图书在版编目（CIP）数据

中药材南繁技术/杨新全，魏建和主编.
—北京：中国农业科学技术出版社，2018.11
ISBN 978-7-5116-3467-2

Ⅰ.①中… Ⅱ.①杨… ②魏… Ⅲ.①药用植物—
栽培技术 Ⅳ.① S567

中国版本图书馆 CIP 数据核字（2017）第 322010 号

责任编辑　于建慧
责任校对　贾海霞

出 版 者　中国农业科学技术出版社
　　　　　北京市中关村南大街 12 号　邮编：100081
电　　话　（010）82109708（编辑室）（010）82109702（发行部）
　　　　　（010）82109709（读者服务部）
传　　真　（010）82106629
网　　址　http://www.castp.cn
经 销 者　各地新华书店
印 刷 者　北京富泰印刷有限责任公司
开　　本　880mm×1 230mm　1/32
印　　张　3
字　　数　81 千字
版　　次　2018 年 11 月第 1 版　2018 年 11 月第 1 次印刷
定　　价　25.00 元

《中药材南繁技术》
编委会

主　编　杨新全　魏建和

编　委　朱　平　农翼荣

本书出版得到以下资助

① 国家中医药管理局：中医药行业科研专项

    ——30 项中药材生产实用技术规范化及其适用性研究（201407005）

② 工业和信息化部消费品工业司：2017 年工业转型升级

（中国制造 2025）资金（部门预算）

    ——中药材技术保障公共服务能力建设（招标编号 0714-EMTC-02-00195）

③ 农业农村部：现代农业产业技术体系建设专项资金资助

    ——遗传改良研究室——育种技术与方法（CARS-21）

④ 中国医学科学院：中国医学科学院重大协同创新项目

    ——药用植物资源库（2016-I2M-2-003）

⑤ 中国医学科学院：中国医学科学院医学与健康科技创新工程项目

    ——药用植物病虫害绿色防控技术研究创新团队（2016-I2M-3-017）

⑥ 工业和信息化部消费品工业司：工业和信息化部消费品工业司

中药材生产扶持项目

    ——中药材规范化生产技术服务平台（2011-340）

目 录

前　言

　　经过 50 多年的发展，南繁已成为我国现代农业发展的关键环节，已扩展到农林牧渔等领域的科研生产活动，具有不可替代性、全局性、科学性和唯一性等特征。南繁已成为我国育种资源培育与辐射的核心基地。

　　开展南繁工作是增加农作物生育周期，缩短农作物科研与生产进程重要环节。但我国中药材南繁开展工作进展缓慢。目前鲜有单位或部门进行中药材南繁研究。

　　自 2007 年以来，中国医学科学院药用植物研究所海南分所开展了 37 种中药材南繁研究，已建立十余种中药材南繁技术体系。本书涵盖了南繁过程中各个控制节点，如南繁方式、起始时间、播种、幼苗管理、水肥管理、采收时间、采收量等，为中药材南繁提供依据及借鉴。

第一篇

南繁栽培概述

第一章　南　繁

一、南繁起源

农业科学研究和农业生产通常是以年为周期的，选育一个玉米杂交种，从杂交、选择、评比、审定，直至应用到大田生产，需要7~8年或更长的时间。农作物异地培育，就是利用南方温暖的气候条件，把育种材料夏季在北方种植1代，冬春季节移至南方再种植1代或2代，南方、北方交替种植，一年繁殖2~3代，缩短育种年限，加快繁育进程。异地培育理论是20世纪50年代由河南农学院吴绍骙教授领衔创立的。玉米育种专家吴绍骙在位于中原的郑州主持玉米育种工作，他的学生程剑萍在地处西南亚热带地区的广西柳州进行玉米杂交育种试验，他们俩彼此交换育种材料，互予培植。吴绍骙把当年秋季收获的材料送到广西柳州农业试验站，程剑萍在当年秋季或冬季种植，这样两年就可以繁殖4~5代。

1956—1959年，沈阳农学院、辽宁省农业科学院等单位，将广州、湛江、海口和南宁作为玉米繁育基地，研究气候条件、栽培技术对玉米生长发育和遗传变异的影响，拉开了在海南开展农业南繁工作的序幕。从20世纪60年代开始，国内众多农业科研单位陆续开始来海南开展北育南繁工作，并在海南岛建立永久性的育种和繁殖基地。目前已有29个省（自治区、市）开展南繁育种，每年冬季全国约有500家科研院所、大专院校、生产经营等机构南繁，其中，约200余家在此建设了长期固定的南繁实验站或工作站。每年约有

序　言

　　中药农业是中药产业链的基础。通过国家"十五""十一五"对中药农业的大力扶持，中药农业在规范化基地建设、中药材新品种选育、中药材主要病虫害防治、濒危药材繁育等方面取得了长足进步，科学技术水平有了显著提高。但因中药材种类众多，受发展时间短、投入的人力物力有限影响，我国中药农业的整体发展水平至少落后我国大农业 20~30 年，远不能满足中药现代化、产业化的需要。

　　我国栽培或养殖的中药材近 300 种，种类多、特性复杂，科技投入有限，中药材生产技术研究和应用却一直处于两极分化状态。一方面，科研院所和大专院校的大量研究成果没有转化应用；另一方面，药农在生产实践中摸索了很多经验，但没有去伪存真，理论化和系统化不足，造成好的经验无法有效传播。同时，盲目追求产量造成化肥、农药、植物生长调节剂等大量滥用。针对这种情况，需要引进和借鉴农业和生物领域的适用技术，整合各地中药材生产经验、传统技术和现代研究进展，集成中药材生产实用技术，通过对其规范，研究其适用范围，是最大限度利用现有资源迅速提高中药材生产技术水平的一条捷径。

　　在国家中医药管理中医药行业科研专项"30 项中药材生产实用技术规范化及其适用性研究"（201407005）、中国医学科学院医学与健康科技创新工程重大协同创新项目"药用植物资源库"（2016-I2M-2-003）、农业农村部国家中药材现代农业产业技术体系"遗传改良研究室—育种技术与方法"（CARS-21）、工业和信息化部消费品工业司 2017 年工业转型升级（中国制造 2025）资金（部门预算）：中药材技术保障公共服务能力建设（招标编号 0714-EMTC-02-00195）、中国医学科学院医学与健康科技创新工程项目，药用植物病虫害绿色防控技术研究创新团队（2016-I2M-3-017）、工业和信息化部消费品工业司中药材生产扶持项目，中药材规范化生产技术服务平台（2011-340）等课题的支持下，以中国医学科学院药用植物研究所为首的科研院所，与中国医学科学院药用植物研究所海南分所、重庆市中药研究院、南京农业大学、中国中药有限公司、南京中医药大学、中国中医科学院中药研究所、浙江省中药研究所有限公司、河南师范大学等单位共同协作。并得到了国内从事中药农业和中药资源研究的科研院所、大专院校众多专家学者的帮助。立足于中药农业需要，整理集成与研究中药材生产实用技术，首期完成了中药材生产实用技术系列丛书 9 个分册：《中药材选育新品种汇编（2003—2016）》《中药材生产肥料施用技术》《中药材农药使用技术》《枸杞病虫害防治技术》《桔梗种植现代适用技术》《人参病虫害绿色防控技术》《中药材南繁技术》《中药材种子萌发处理技术》《中药材种子图鉴》。通过出版该丛书，以期达到中药材先进适用技术的广泛传播，为中药材生产一线提供服务。

感谢国家中医药管理局、工业和信息化部、农业农村部等国家部门及中国医学科学院的资助！

衷心感谢各相关单位的共同协作和帮助！

5 000 余名科技人员驻点南繁，部分年份多达万人。由国家南繁工作领导小组负责管理协调南繁工作，各省（区、市）也成立南繁指挥部、中心等机构加强领导与管理。南繁成为中国农业的重要组成部分，南繁试验区已经成为中国最大的、最开放的农业试验区，是当之无愧的"中国农业科技硅谷"。

开展南繁工作可以增加农作物生育周期，缩短农作物科研与生产进程，因此，各育种单位都特别注重南繁这一环节。河南省安阳市农业科学研究所历来重视玉米和谷子南繁工作，谷子南繁工作主要任务是谷子杂交后代材料的加代和谷子优良新品系繁殖。谷子杂交后代材料的南繁加代可以增大杂种后代变异幅度，扩大选择范围，增进世代进程，有效缩短育种年限，更快地培育出新品种。谷子优良新品系南繁可以迅速扩繁种子，为各级试验和生产示范提供足量种子，加快新品种推广应用进程，尽早实现新老品种更替，使优良新品种尽快创造经济效益和社会效益。

南繁就是在特定的历史条件和地理环境下，中国农业科技工作者加快农业科研进程，促进现代农业发展的结果；可以说，科技人员的创新意识和实践引领了南繁的发展；在计划经济时期政府的管理和支持是南繁形成与壮大的引擎，政府调控手段促进了南繁的空间集聚，在政府、科技人员和机构的共同努力下，经过 55 年的发展，使琼南地区南繁科研和生产活动产生雪球效益和形成了特有的区域环境，引发了资源和信息聚集的马太效应，使南繁基地爆发出更大的吸引力和聚合力，实现了自我持续快速发展；通过 6 个阶段特征分析，表明南繁发展的不对称性，面临管理无序及建设滞后等问题。南繁是海南农业对国家的三大贡献之一，在与地方产业融合的过程中直接促进了海南冬种北运瓜菜的形成与发展。经过 55 年的发展，南繁在保障国家粮食和种业安全上，发挥了不可替代的关键作用，作出了重大贡献，关系到国家基础性、战略性、稳定性、安全性的核心政治与经济利益，获得了党和国家的高度的重视，这在

世界农业发展历上是前所未见的。

南繁是种子供给的"长备库"。我国是世界上发生自然灾害较为严重的国家，作为一个农业大国，南繁基地肩负着我国种子备荒、应急等艰巨任务，为我国农业抵御干旱、洪涝、冰雪等自然灾害发挥了重要作用。此外，作物品种通过南繁可增强其抗逆性、环境适应性和遗传稳定性，对扩大品种的安全推广与生产提供有力保障。每年冬季，在海南进行的种子田间纯度鉴定和质量评价试验，加快了合格种子的市场投放速度，保障了农业安全生产。

二、海南南繁条件

海南是我国最具热带海洋气候特色的地方，位于中国最南端。北以琼州海峡与广东划界，西临北部湾与越南相对，东濒南海与台湾省相望，东南和南边在南海中与菲律宾、文莱和马来西亚为邻。海南岛是海南省的主要组成部分，又称琼州，位于中国雷州半岛的南部。海南岛的长轴呈东北—西南向，长约 300 余 km，西北—东南向为短轴，长约 180km，面积 3.39 万 km^2，是中国仅次于台湾岛的第二大岛。海南岛的地形，以南渡江中游为界，南北环境迥然不同，南渡江中游以北地区，和雷州半岛相仿，具有同样广宽的台地和壮丽的火山风光。全年暖热，雨量充沛，干湿季节明显，风较大，热带风暴和台风频繁，气候资源多样。气候属于海洋性热带季风气候，年平均温度在 22~26℃，全岛年平均降水量在 1 600mm 以上。东湿西干明显。多雨中心在中部偏东的山区，年降水量为 2 000~2 400mm，西部少雨区年降水量为 1 000~1 200mm。海南岛全年湿度大，年平均水汽压为 23~26hpa。海南岛年太阳总辐射量为 110~140kcal/cm^2，年日照时数为 1 750~2 650h，光照率为 50%~60%。

海南全年无冬。1—2 月最冷，平均温度也有 16~24℃，平均极端低温也大都在 5℃以上。所以，其他地区处于冬季时，海南仍然阳光充足，温暖如春。因此，海南有农业育种的"天然温室"之称。我国地域虽然辽阔，但拥有这种"天然温室"气候条件的只有海南。海南是南繁之地的必然选择。

三、南繁发展

南繁是我国科学家独创的育种方式，在农作物品种培育过程中发挥着缩短育种年限、加速世代繁育品种的应用和推广作用，在保障国家种业安全、促进粮食生产和农业发展上都具有重要的战略意义。多年来，南繁在我国种业发展领域取得了惊人的成就，南繁经济潜力巨大。随着南繁上升为国家战略，南繁发展面临新的机遇和挑战，而农业政策性金融如何发挥自身优势支持南繁经济值得探讨。

南繁是我国农业科研与种业现代化发展的产物，综合功能强大，是我国农业基础性和战略性资源。南繁乘数效应使得南繁的价值实现几何数量级增长，促使南繁在国家现代农业发展中发挥的全局性、关键性的作用，在保障国家粮食和种业安全上发挥了不可替代的作用。南繁基地是无边界的科技园区，是我国最大的、最开放的、最具影响的农业科技试验区，袁隆平院士称之为"中国农业科学城"。南繁存在关键的瓶颈是战略发展环境不成熟和南繁嵌入性较低。就目前南繁现状而言，需要进一步研究南繁功能定位，整合和优化现有资源，加大扶持南繁科技机构和种业公司建设，研究并颁布南繁产业发展的具体措施，甚至研究如何从国家层面编制南繁规划，以指引和支持南繁科学可持续发展。

四、南繁现状

南繁是指利用海南热带气候地区资源对动植物进行快速繁育的一种农业活动。我国南繁自20世纪60年代提出并试验至今已过半个多世纪了，由最开始的玉米、水稻、棉花到现在的瓜果蔬菜等30

多种作物，还有 70% 的作物新品种也是从南繁中繁育出来的。随着作物南繁的不断成功，南繁的应用领域也在不断的扩充，水产、动物和中草药等也在不断的加入南繁研究中。

而领域扩充的背后是越来越多的研究单位、企业甚至个人加入到了南繁研究中，相应的南繁试验基地的建设以及相应的配套设施也得到一定的配置。

此外，南繁研究的进行也培育了一批又一批优秀的农业人才。南繁的可行"袁隆平、"玉米大王"李登海和抗虫棉发明家郭三堆等，并且还培育一大批农业基层人才。

虽然南繁造就了一项又一项的研究，也造就了众多的人才，如"水稻之父"南繁研究已进行 50 多年，也取得了很好的效果，但是仍然存在一些不足。伴随着众多的研究单位、企业和个人加入南繁中，各领域间的用地和当地农业与城市建设用地之间存在着竞争关系。用地紧张的后果也随之而来，土地租金的增加是必然的，这就增加了南繁的成本。成本的不断提高会限制南繁研究的发展，如何解决不断提高的南繁成本已经成为南繁可持续发展的重要问题。

近年，随着全球气候变暖，海南的极端天气现象发生频繁，持续干旱、低温等灾害性天气时有发生，这些问题对南繁的影响更显突出。南繁基地多处在经济发展欠发达的地区，中、小型水库年久失修，农田水利设施老化严重，路桥、电力等设施也不配套，缺乏必要的晒场和种子烘干设备、周转仓库等。南繁单位基本还处于"靠天南繁"的状态，这些因素都不同程度地影响了南繁种子的收获、加工和运输。不仅提高了南繁种子生产成本，如果遇连续低温阴雨天气，还将给南繁单位带来不可估量的损失。管理不规范，由于南繁时间在本年的 11 月到翌年的 5 月，因此租地较少是长期的，这就造成管理混乱。而且基础设施多为一次性的，这会造成土壤污染，对南繁土地的管理造成较大困难的同时也增加了南繁的成本（土地租期短，租金更贵）。一是科研育种、种子应急生产、种子质量鉴定等南繁用地均有逐年扩大的趋势，特别是来海南的种子企业和个体育种者数量逐年增多，南繁单位之间相互暗中抬价争抢南繁用地时有发生，有时相互之间因隔离区安排发生矛盾。二是南繁区域农民种植冬季瓜菜比较效益较高，使农民惜租土地或大幅度提高地租。三是随着海南国际旅游岛建设进程加快和城镇化发展，城镇附近地区的农田土地在逐年减少。四是按现行联产承包政策，农民对其分散的土地是否转包有决定权，处理插花地和隔离区的难度大大增加。出现了南繁单位年年租、年年涨、年年难的现象。

由于地租、农资、劳动力等费用不断上涨，南繁科研生产成本大幅增加，而且南繁工作人员的生活成本也在大幅度的上涨，南繁投入资金的不足，导致不少科研生产单位特别是小单位难以为继，不得不放弃南繁，严重阻碍了南繁工作的开展。

虽然南繁在我国发展了很长时间，但是南繁应用于更多的是农作物和经济作物的栽培育种。对于中药材南繁的应用报道却是非常少的，表明中药材南繁研究单位或者部门也是极少的。中药材生产是我国农业生产的重要组成部分之一，也是中药材质量控制的关键环节之一。中药材南繁可以有效促进中药材栽培技术体系的优化改革，对于中药 GAP 的实施也有一定的参考价值。除此之外，南繁可以大大缩短中药材优良品种选育的时间，加快优良品种的推广和应用，确保药材生产的质量稳定。

五、南繁世代

南繁栽培技术的成功得益于海南独特的气候与环境，与原产地的栽培时间错开，结合南繁栽培在国内实现一年 2 个世代。栽培时间如图 1-1。

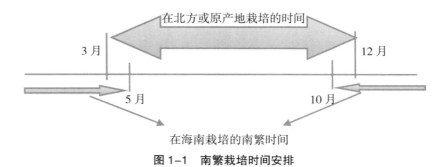

图 1-1　南繁栽培时间安排

　　南繁栽培的时间区域在当年的 10 月至翌年 5 月。可以根据药材在北方或原产地的栽培时间来确定在海南南繁的时间。

第二章　中药材南繁栽培的影响因子

一、温度

温度因子最显著的作用是支配植物生长发育，限制着植物的分布。其中，主要是年平均温度、月平均最高温、月平均最低温、绝对最低气温、绝对最高气温、季节交替特点等。各种植物的生长发育需要一定的气温，所以在南繁工作过程中需考虑自然的地理分布及其温度条件。有些中药材从产地与南繁地区的平均温度来看是有希望成功，但是最高、最低温度却成为限制因子；季节交替的点往往也是限制因子之一，如一些植物的冬季休眠是对该地区初春气温反复变化的一种特殊适应，它不会因为气温的暂时转暖而萌动。若不具备适应性的植物，当南繁地区初春的天气不稳定的暖就会引起冬眠的中断，一旦寒流再袭击，就会引发冻害。

二、光照

光照是植物生长的必要条件，是植物生命活动的初始能源，也是植物进行光合作用最主要因子。光对植物的生理生态作用，是通过光谱特性、光照强度和光照辐射时间三个因素来确定的。

光辐射、光质量是植物地区分布的决定因素。阳性植物、中间型植物及阴性植物对光强度需求不同，日照的长短和光照的质量也随纬度的变化而不同。一般纬度由高变低，生长季的光照由长变短；相反，纬度由低变高，生长季的光照由短变长，因此，我们在南繁工作的同时，应该充分地考虑光照对其影响。

三、降水量、湿度

水是植物生长的必需条件。年降水量是决定植被类型的决定性因素，降水强度与植物的适应性也有一定关系。随着降水量由多到少的分布，植被类型由森林到森林草原、草原、干草原、半荒漠、荒漠过渡。雨量的不同季节分配型与引进植物的选择也有一定关系。我国大部分地区属于夏雨型地区，降水量主要集中在夏季。特别是我国东南部是夏季风控制时间最长的地区，夏季降水量特别多，是世界上同纬度地区雨量较多的地区，同时也可能出现伏旱、高温情况。因此，可能成为这一区域南繁的限制因子，要尤其注意。

四、土壤

土壤能为植物的生长提供必需的养分，同时，土壤的养分、酸碱度、含盐量、排水性、通气性、温度、湿度以及土壤微生物都会影响中药材南繁结果。风土驯化中的土也即指土壤，可见土壤因子在南繁中的重要性。

五、生物因子

生物之间的寄生、共生，以及生物与花粉携带者之间的关系也会影响南繁的成败。

第三章 中药材南繁的规范化栽培

一、南繁种植思路及特点

中药材南繁的规范化种植是中药材研究与开发的关键环节之一，建立中药材南繁的生产、采收的规范标准，对于保证中药材南繁具有特别重要的意义。

1. 规范化栽培概述

规范化栽培是我国 20 世纪 80 年代作物栽培学的一个重大突破，是系统工程学在栽培学中应用的一项主要成果。将系统论观点和系统工程研究方法引入农业，为使作物栽培学由经验科学上升为精确科学开辟了一条新途径，规范化栽培技术在农业生产上的应用取得了显著的经济和社会效益。80 年代后期在药用植物栽培研究中将规范化栽培概念和研究方法，引入药用植物栽培，多种药用植物规范化技术研究等课题的应用证明，药用植物规范化栽培技术在生产上应用后，增产显著，经济效益和社会效益明显。规范化栽培研究方法的引入对促进药用植物栽培研究方法的发展具有重要意义。规范化栽培包含二层含义：一是指栽培技术的规范化研究；二是指具体的规范化栽培技术方案，将栽培措施指标化、定量化、精确化、程序化。规范化栽培遵循系统论原理，开展综合研究，将栽培技术单元放在栽培大系统内进行分析和研究，立足综合，重视单元筛选和研究单元之间的关系，发挥整体功能，使各项栽培技术单元达到最佳配合。系统地观测、研究植株生育规律及器官间的相互关系，栽培措施与生育、生态指标数据化和规范化，通过研究植株生

育规律，将栽培措施的应用与生育指标紧密相连，并数据化、指标化，有利于看苗诊断，看苗情采取栽培措施，提高了对中药材生长发育和农艺措施调控效应的预见性。引入新的田间试验设计方法，建立综合农艺措施数学模型，引进二次正交回归旋转组合设计等数理统计方法，通过田间试验，运用计算机手段，建立数学模型及其分析模型，使栽培技术单位定量化、精确化，将田间试验与计算机仿真模拟相结合，通过交替应用试验法、模型法的反复修正，反馈信息，提高了研究效率和科学性。

2. GAP 标准操作规程

中药材南繁是中药生产过程中一个重要环节，因此，中药材规范化种植也遵从《中药材生产质量管理规范（试行）》是由我国原国家药品监督管理局（现国家食品药品监督管理局）组织制定，并负责组织实施的行业管理法规。实施中药材生产质量管理规范（GAP），对中药材生产全过程进行有效的质量控制，是保证中药材质量"安全、稳定、可控、有效"的重要措施。

中药材南繁的规范化种植是一项从保证中药材质量出发，控制中药材生产和质量的各种影响因子，以大量的实验数据为基础制订生产标准操作规程，规范中药材生产全过程，以保证中药材真实、安全、有效及质量稳定可控而制定的规范化种植操作规程分为三个部分。产前：产地生态环境（大气、水质、土壤环境生态因子）；种质和繁殖材料（正确鉴定物种，保证种质资源的优质化）。

产中：优良的栽培技术措施，重点是田间管理和病虫害防治，是一个大田生产的农艺过程。

产后：采收与产地加工，确定适宜的采收期及产地加工技术，标准操作规程的制定必须在总结前人种植加工等的传统经验的基础上，通过科学研究分析，综合评价，并在实践中应用证实是切实可行，行之有效的，即操作规程要具有科学性、实用性。

二、中药材南繁规范化种植内容及关键技术

中药材南繁标准化有赖于中药材生产过程的规范化。药用植物不同种质、不同的生态环境、不同栽培技术、不同的采收加工方法等都会影响药材的产量和质量。因此，中药材生产质量管理规范如中药材生产质量管理规范（GAP）的制定与实施的重要性和紧迫性就不言而喻了。

1.中药材南繁规范化种植内容

中药材南繁靠栽培技术措施，另外，中药材南繁栽培过程中常受到病害虫等有害生物的侵入。因此，根据不同中药材植物及其不同生长发育时期的要求，为它们提供适宜的环境条件，采取与其相配套的栽培技术措施，以调控中药材植物的生长发育，以达到优质、高产、低耗、高效的目的，建立优质中药材规范化生产技术体系。

根据目前中药材生产中存在的主要问题和中药材植物栽培的特点，中药材南繁规范化种植主要内容为：

（1）中药材植物病害虫防治研究　即采用综合防治策略，防治中药材病虫害，以降低农药残留及重金属的污染，是从根本上保证中药材安全有效及保护生态环境的重要措施。

（2）中药材栽培技术的标准操作规程（SOP）的制定　是提高中药材质量的关键技术环节。

2.中药材规范种植关键技术

（1）中药材种子、种苗质量标准和检验规程的制定

① 品种品质优良。符合生产发展需要、适合当地栽培；产量和有效成分含量高而稳定；抗逆力强，即抵抗病虫害和不良环境条件的能力强；纯度高。

② 播种品质优良。种子活力高；种子饱满完整，外形整齐；种子纯洁，不含其他种子和杂质；种子健康，不带病菌和害虫。可根据种植研究的品种，参照《农作物种子检验规程》国家标准，制定各

地中药材的种子、种苗的地方标准和检验规程。

（2）中药材生产技术的研究与推广　中药材病虫害防治是目前中药材栽培中最薄弱的技术环节，由于中药材主要种植于我国热带地区，气候特点温暖湿润，利于病虫害繁殖，由于病虫的危害，往往造成重大经济损失。而长期使用农药防治，则易造成中药材农药残留问题及环境污染问题。

① 采用综合防治策略防治中药材病虫害。从农业生态系统整体出发，根据有害生物与环境之间的关系，充分发挥自然控制因素的作用，因地制宜地协调应用农业、生物、化学、物理等各种措施，控制病虫危害，降低农药残留和重金属污染，以获得最佳经济效益和生态效益。禁止高毒、高残留农药在中药材上使用。

② 生物防治剂的研究与开发。生物防治指使用生物或生物代谢产物及生物技术，如生物农药或天敌来治理有害生物。这些生物产物或天敌对有害生物选择性强，而对其他生物毒性小，对环境污染小。中药材病虫害的生物防治是解决中药材免受农药污染的有效途径。

③ 中药材质量标准研究制定。根据各种中药材的特点研究制定中药材质量标准，研究制定中药材生产农药使用细则，研究制定中药材农药允许残留标准。

④ 选育和利用抗病、虫品种。中药材不同类型或品种之间往往对病虫害抵抗能力有显著差异。因此，如何利用植物抗病虫特性，进一步选育出理想的抗病虫的优质高产品种，是一项十分重要的工作。特别是对那些病虫害严重且防治难度大的中药材，选育抗病、虫品种是一项经济有效的措施。

（3）优质中药材栽培技术的标准操作规程（SOP）的制定　中药材栽培技术标准操作规程（SOP）的制定为中药材生产提出应遵循的要求和准则，这对所有中药材和南繁地都是统一的。各南繁地应根据各自的生产品种、适宜栽培区域、技术状态、科技实力等，制定出切实可行、规范的，达到 GAP 要求的方法和措施，这就是标准操作规程的制定必须在总结种植、加工等系列的传统经验的基础上，通过科学的研究评价，并在实践中应用证实是切实可行、行之有效的，即操作规程要具有科学性、实用性、可追溯性。

三、中药材南繁规范化种植基地的选择

1. 中药材南繁地选择的原则

遵循南繁地应按中药材产地适宜性优化原则，因地制宜，合理布局。对引种药材应以证实其药材质量已达到原产地药材质量标准为前提。中药材南繁基地的选择原则，需要重点考虑中药材栽培的适应性、区域性、生产的安全性与可操作性等。

2. 中药材南繁地选择的内容和要求

中药材南繁基地的生态环境是影响中药材产品质量的重要因素。选择适宜的、良好的生态环境建立基地，是生产高产优质中药材种子的基本条件。通过中药材南繁地的选择，可以较全面、深入地了解产地及其周围的环境质量现状，为建立基地的决策提供科学依据，为保证中药材质量提供最基本的保障。此外，通过南繁地的选择，还可以减少许多不必要的环境监测，从而提高工作效率，减轻企业的经济负担。

中药材南繁地的选择是指在建立基地之前，通过对拟建立药材基地区域的生态环境条件的调查研究及现场考察，对环境质量现状做出合理判断。它是建立基地必须进行的前期准备工作。

四、中药材南繁栽培的生理、生态学原理

1. 中药材南繁生长发育

植物的生长发育是一个从量变到质变的过程，是植物按照自身固有的遗传模式和顺序，并在一定的外界环境下，利用外界的物质和能量进行分生、分化的结果。生长的结果，引起体积或重量的增加，

15

植物细胞的分生、分化导致植物体不断有新细胞、组织、器官形成，构造和机能由简单向复杂转化，形成根、茎、叶等营养体。由于茎（芽）和根的尖端始终保持分生状态，茎、根中又有形成层存在，可不断使其增生、加粗，使植物的细胞、组织、器官的数量、重量、体积不断增大，所以生长是一量变的过程。发育是植物通过一系列的质变以后，产生与其相似个体的现象。发育的结果，产生新的器官——花、种子、果实。

中药材种类的不同，它们的生长发育类型及对外界环境的要求也不同。对于花、果类中药材，如果单纯地营养生长而没有及时地发育（即开花结果），就会徒长。对于根、根茎类中药材，如果没有适当的营养生长形成根或根茎，而很快发育，就会成为先期抽薹；或因环境胁迫，营养不良，发生早抽薹、早花、早果现象，达不到栽培的目的，有的根茎类中药材因为发生抽薹现象，造成中药材质量低下，不能入药。

2. 中药材南繁栽培的适宜地选择

药用植物生长发育与生存条件是辩证的统一。生存条件又是经常变化的。在不同的环境下，同种药用植物其形态结构、生理、生化及新陈代谢等特征不一样。相同环境，对不同药用植物的作用也不相同。了解药用植物栽培与环境条件的辩证统一关系，对获得高产、稳产、优质、高效的中药材是极其重要的。诸多生态因子对药用植物生长发育的作用程度并不等同，其中，光照、温度、水分、养分和空气等是药用植物生命活动不可缺少的，缺少其中任何一项，药用植物就无法生存，这些因子称为药用植物的生活因子。除生活因子以外，其他因子对药用植物也有直接或间接的影响作用。药用植物各生态因子之间是相互联系，相互制约的，它们共同组成了药用植物生长发育所必需的生态环境。若某些因子发生了改变，其他因子和生态作用也会随之而变化。同时，各生态因子对药用植物生长发育又有其独特的作用，不能被其他因子所代替，在一定的时间、地点或生长发育的某一阶段，总有一个因素起主导作用。因此，生态因子对药用植物的影响是复杂的，往往是各因子综合作用的结果。每一个因子对药用植物的生长都有一定的最佳适应范围，以及耐受的上限和下限，超过了这个范围，药用植物就会表现出异常，造成药材减产，品质下降，甚至绝收。各种各样的药用植物，具有不同的习性，遇到千变万化、错综复杂的环境条件，只有采取科学的"应变"措施，处理好药用植物与环境的相互关系，既要让植物适应当地的环境条件，又要使环境条件满足植物的要求，才能优质、高产、稳产、高效。

（1）温度　温度是植物生长发育的重要环境因子之一，中药材只能在一定的温度区间内进行正常的生长发育。植物生长和温度的关系存在"三基点"——最低温度、最适温度、最高温度。超过两个极限温度范围，生理活动就会停止，甚至全株死亡。了解每种药用植物对温度适应的范围及其与生长发育的关系，是确定生产分布范围和安排生产季节，夺取优质高产的重要依据。

（2）光照　植物的光合速率随光照强度的增加而加快，在一定范围内二者几乎呈正相关，但超过一定范围后，光合速率的增加转慢；当达到某一光照度时，光合速率就不再增加了，这种现象称光饱和现象，此时的光照度称为光饱和点。在光照较强时，光合速率比呼吸速率大几倍，但随着光照度的减弱，光合速率逐渐接近呼吸速率，最后达到一点，即光合速率等于呼吸速率，此时的光照度称光补偿点。不同的植物，其光饱和点与光补偿点各不一样。

（3）水　水不仅是植物体的组成成分之一，而且在植物体生命活动的各个环节中发挥着重要的作用。首先，它是原生质的重要组成成分，同时还直接参与植物的光合作用、呼吸作用以及有机质的合成与分解过程；其次，水是植物对物质吸收和运输的溶剂，水可以维持细胞组织紧张度（膨压）和固有形态，使植物细胞进行正常的生长、发育、运动。因此，没有水就没有植物的生命。水分是植

物生长发育必不可少的环境条件之一。

药用植物的含水量有很大的不同，一般植物的含水量占组织鲜重的70%~90%，水生植物含水量最高，可达鲜重的90%以上，有的能达到98%，肉质植物的含水量为鲜重的90%，草本植物含水量约占80%，木本植物的含水量也约占70%，树干含水量为40%~50%，即便干果和种子的含水量也有10%~15%。处于干旱地区的旱生植物含水量则较低。

（4）风　有些中药材抗风性较弱，部分中药材花粉传送只需以微风作为媒介，而强风则不利花粉保留和授粉。因此，应选避风的地方或种植防护林避风。

（5）土壤　土壤是药用植物栽培的基础，是药用植物生长发育所必需的水、肥、气、热的供给者。除了少数寄生和漂浮的水生药用植物外，绝大多数药用植物都生长在土壤里。因此，创造良好的土壤结构，改良土壤性状，不断提高土壤肥力，提供适合药用植物生长发育的土壤条件，是搞好药用植物栽培的基础。

第四章　中药材南繁规范化栽培

一、中药材南繁规范化栽培田间管理技术

田间管理技术是依据中药材品种的生物学特性及其对环境条件的要求，采用综合技术措施，以满足中药材生长发育所需要的环境条件，从而达到丰产优质的目的。实践证明，田间管理技术是中药材获得丰产优质的保证措施。

田间管理技术包括从播种到收获整个生育时期的管理技术措施。主要有：间苗、定苗、补苗、中耕、除草、培土、施肥、灌溉、排水和防治病虫害等。此外，对某些中药材还必须进行一些特殊的管理，如打顶、摘蕾、遮荫、整枝修剪、人工授粉、覆盖、架设支架、防寒冻等。

1.间苗、定苗、补苗

（1）间苗　间苗是田间管理中一项调控植物密度的技术措施。根据植物最适密度要求，拔除多余的幼苗。主要以种子育苗的中药材，为了防止缺苗和便于选留壮苗，播种量往往成倍地超过所需的定植株数，播种后生长出幼苗密度大，在育苗期间过密的幼苗必须及时间苗，才能培育出壮苗。间苗时，必须根据各种中药材对密度的要求，不同苗期的生长情况适时间苗。为了保证间苗的效果，一般间苗应进行 2~3 次。第一次拔除过密纤弱的幼苗，使幼苗不致过于拥挤影响生长。苗稍大后，进行第二、三次，依照其行株距拔去多余幼苗。分期间苗可以免除因苗小遭病虫侵害造成缺株。最后一次间苗叫定苗。

（2）补苗　在中药材栽培中，直播或育苗移栽，都可能由于操作及病虫为害造成幼苗死亡缺株。为保证全苗，必须及时进行补植。补植缺株必须在苗期进行，易补苗成活，补栽缺株所用的幼苗应与同龄播种幼苗或移植苗大小一致。为了保证补栽苗的成活率，并尽快使补栽苗恢复正常生长，最好选阴天进行，带土补植。

2. 中耕、除草、培土

（1）中耕　在中药材栽培生长过程中，由于降雨、灌溉等因素的影响，常出现土壤板结，影响植物正常生长，因此，疏松土壤，使空气流通，有利植物根系呼吸和土壤中好气性微生物活动，促进土壤有机质的分解，增加土壤肥力。中耕能切断毛细管水上升，减少土壤中水分蒸发，保持土壤水分；能使土壤中的热量不易散失，提高土壤温度；冬季及早春，疏松的表土层可起保温作用；中耕利于消灭杂草及害虫。

（2）除草　消灭杂草，减少土壤中水肥消耗，防止病虫的孳生和蔓延。适时消灭杂草是使植物正常生长发育的一项重要管理措施。

除草方法有人工除草、机械除草与化学除草。小面积种植、草本中药材田采用人工除草，大面积、株行距大的可用机械除草，化学除草要采用无污染、无残效的化学除草剂。一般除草都与中耕相结合。春、夏、秋杂草生长快，除草宜勤。中耕除草应选晴天或阴天土壤温度不大时进行。雨天或雨后土壤湿度过大时不宜中耕除草，因雨天中耕除草反会造成土壤板结，杂草不易死亡，又不便操作。

（3）培土　将行间土壅（yōng）在植物根部或将被雨水冲刷的表土，重新壅在被裸露的植物根部。可提高植物地下器官的产量和质量如高良姜的根茎具向上生长习性，通过逐年培土，避免根部外露，促进根系的生长发育和吸收能力从而提高产量，砂仁生长期中不断分生匍匐茎，并形成新植株，匍匐茎密布地面，根伸不进土中，故必须培土覆盖地面匍匐茎才能使砂仁正常生长发育。调节地温，培土加厚了土壤的疏松层，对外界的冷、热空气起到隔离作用，使土壤温度不致因外界冷、热空气的影响而剧烈变化。冬季保温，夏季降温。防止倒伏，中药材栽培生长后期植株较大，地下部生长茂盛，经风吹雨淋，根部露出土面，易倒伏，在生长期中适时进行培土壅根，加固植株茎部，防止倒伏。另外，培土尚有培肥作用，增加土壤养分。

3. 肥水调控

（1）合理施肥　土壤是植物养分源泉和储存库，但由于土壤养分数量和释放速度有限，不能完全满足中药材生长需要，因此，必须人为地向土壤补充各种养分，即进行施肥。无论是大量元素还是微量元素，对于中药材的生长来说都是必不可少的，但各元素之间及其与中药材的生长和发育过程之间，都有极其复杂的相互联系、相互制约的关系，如果肥料施用不当，对于中药材的生长发育会造成不良影响。因此，必须在了解肥料性质和中药材生物学特性的基础上进行科学施肥。

肥料的种类很多，按它们的作用可分为直接肥料和间接肥料。前者可以直接提供植物所需的各种养料，后者通过改善土壤的物理、化学和生物学性质而间接影响植物的生长发育。

肥料按其来源分为自然肥料（即农家肥料）和商品肥料。前者如绿肥、沤肥、厩肥等，后者如无机化肥、微生物肥料、腐殖酸类肥料等。另外，按照它们见效的快慢可分为速效、缓效和迟效肥料；也可按植物生长发育不同阶段对养分的要求分为种肥、追肥和基肥等。

（2）合理施肥的依据　根据植物营养特点及土壤供肥能力，确定施肥的种类、数量和时期。由于各种中药材入药部位不同，有叶、茎、根入药的，也有用花、果实、种子入药的。所以对肥料的要求情况也不同，为保证高产优质药材的生产，必须适当调整施用肥料的种类和比例。同一中药材在不同生育时期，对矿质元素的吸收情况也是不一样的。在萌发期间，因种子本身贮藏养分，故不需要吸

收外界肥料，随着幼苗的生长，吸收肥料的能力渐强，将近开花、结实时，矿质养料进入最多，以后随着生长的减弱，吸收下降，至成熟期则停止，衰老时甚至有部分矿质元素排出体外。中药材在不同生育期中，各有明显的生长中心。例如，薏苡分蘖期的生长中心是腋芽，拔节孕穗期的生长中心是穗子的分化发育和形成，抽穗结实期的生长中心是种子形成。生长中心的生长较旺盛，代谢强，养分元素一般优先分配到生长中心。所以，不同生育期施肥，对生长影响不同，它们的增产效果有很大的差别，其中有一个时期施用肥料的营养效果最好，这个时期被称为最高生产效率期（或植物营养最大效率期）。

　　土壤的性质不同，如土壤结构、化学成分、土壤中有效养分含量等不同，都会影响施肥效果，所以应根据不同土壤合理施肥。如黏土板结不透气，应多施有机肥，需浅施以加快分解，以改善土壤物理性状，从而改善养分供给；砂质土壤保水保肥力差，应施用半腐熟的堆肥、厩肥而不宜施完全腐熟肥，以防流失。施速效肥料时应分期多次施用，并控制灌溉量，防止大水漫流。土壤的酸碱性对肥料也有很大影响，有的肥料能溶于酸但不溶于水，如骨粉、磷矿粉、钙镁磷肥等。它们施入酸性土壤中可以慢慢溶解，供给植物吸收。而施入碱性土壤和石灰性土壤就不能溶解，因而效果不显著。土壤中的养分是不断变化的，施肥前，最好对土壤进行理化分析，以了解土壤中含有多少可被植物吸收的养分，以及土壤养分的总含量，中药材所需的养分中哪些可由土壤所贮藏的养分来供应，哪些由肥料来补充，以此为依据作施肥时的参考。

　　根据肥料的养分含量、养分形态、养分在水里的溶解度和土壤里的变化施肥。对于如厩肥、绿肥及无机肥中的磷矿粉、骨粉等迟效性肥料，由于肥效慢、肥效长，在生产上多作基肥施用。化肥等速效肥料多作追肥使用。此外，施肥前，应了解一些常用的规则。如绿肥最好在盛花期积压翻埋；叶面肥料最后一次喷施必须在收获前15~20d进行；微生物肥料可用于拌种，也可作基肥和追肥。使用时应严格按说明书操作进行。化肥与有机肥配合施用或化肥与有机肥、微生物肥配合施用时，应了解肥料的性质和养分含量。施肥时，根据中药材的需要选择肥料，并按肥料养分数量计算施肥量。在肥料的混合施用时，要注意不同肥料间是否存在相互反应或降低肥效的情况。最后一次追肥必须在收获前25~30d进行。

（3）施肥技术　目前，在栽培管理上，推荐的施肥技术有植物需肥量的估算、目标产量法、丰缺指标法、肥料效应函数法、土壤肥力分区分配法、氮肥分期调控施肥法等。为了使肥效得到充分发挥，植物营养利用率提高，除了合理施肥外，还要注意其他措施。

4. 灌溉与排水

灌溉与排水是调节中药材对水分要求的重要措施。水是植物的重要组成部分，植物体各部都含有一定水分，缺水则会影响其正常生长，植株发生萎蔫，轻则影响正常发育而导致减产，重则会造成植株死亡。植物生长所需要的水分是由土壤供给根系吸收的，所以土壤水分状态将直接影响植物对水分、养分的吸收。土壤土粒之间，常为水分和空气所占据，如空气过多而水分少时，则植物体将受到干旱为害；反之，土壤水分过多而空气过少时，根的呼吸作用受到抑制，引起根系衰弱以致死亡。因此，在中药材栽培过程中，要根据植物对水分的需要和土壤中水分状态，采取及时而适量的灌水和排水工作。

（1）灌溉　久晴未雨，出现干旱，土壤水分亏缺时，需要人工灌溉补充。灌溉应根据植物的需水特性，不同生长发育时期及当时当地气候、土壤条件，适时适量合理灌溉。中药材种类不同，对水分的需求各异。耐旱中药材如白木香、胖大海、番泻叶、芦荟等一般不需灌水，若遇久旱时，可适当少灌；喜湿中药材如广藿香、穿心莲、荜拨等遇旱即应灌水，以保持土壤经常湿润；水生植物常年不能缺水，如泽泻、南天仙子等。中药材的不同生长发育期对水分

的需要也有不同。一般一年生或越年生植物随植株生长耗水量不断增大，苗期宜少灌，植株生长旺盛期宜灌透水。土壤质地和土壤结构不同，土壤吸水和保水性能也有差异。砂土吸水快，但保水力差，黏重土壤吸水慢而保水力强。团粒结构的土壤，吸水性和保水性好，无团粒结构的土壤吸水性差，故灌水量的多少，灌水次数和灌水时间应根据土壤质地和结构情况考虑。同时，还需考虑旱季、雨季降水情况来灌溉。

欲达到灌水的目的，灌水时间、用量和方法是3个不可分割的因素。缺一有机配合，常不能获得灌水的良好的效果，甚至带来为害。

（2）排水　排水的作用是减少土壤中过多的水分给植物造成为害。一般排水系统分明沟排水和暗沟排水两种。明沟排水由总排水沟、主干沟和支沟组成，即在田间挖沟排水的方法，简单易行，但排水沟占地多，且沟壁易倒塌造成堵塞和孳生杂草，致使排水不畅，需经常维护。由于排水沟纵横田间，影响机械化耕作。暗沟排水挖暗沟用砖石砌成上盖板或土中埋暗管，将土壤中多系水分由暗沟或管道中排水的方法。此法不占耕地，不影响机耕。

5. 打顶与摘蕾

打顶与摘蕾是进行植株调整，控制植物的生长发育，使植物体各器官分布更合理，充分利用光能，使光合产物更多地运输至药用产品器官，从而提高药材的产量和质量。

（1）打顶　栽培中采取打顶（摘去顶芽）措施，是破坏顶端优势，抑制主茎生长，促进侧芽发育的重要手段，例如广霍香、穿心莲等适时分次摘去顶芽，促进侧枝生长，增多枝叶提高全草产量。打顶的时间应以中药材种类和栽培产品部位而定。一般打顶措施，应选晴天进行，以利伤口愈合。

（2）摘蕾　植物为了繁衍后代，总是把养分优先供应生殖器官，摘除花蕾（花薹），抑制了植物的生殖生长，把这部养分就可以转而促进营养生长，并可促进光合产物向根、根茎或叶部运输贮藏，进而提高根、根茎类及全草药材的产量和品质。摘蕾的时间与次数，应取决于现蕾延续的长短，一般宜早不宜迟。摘蕾工作宜选晴天进行，以免伤口感病。

6. 覆盖与遮荫

（1）覆盖　覆盖是利用草类、树叶、秸秆、厩肥、草木灰或塑料薄膜等撒铺于畦面或植株上，覆盖可以调节土壤温度、湿度，防止杂草孳生和表土板结。有些中药材种子细小，播种时不便覆土，或覆土较薄，土表易干燥，影响出苗。有些种子发芽时间较长，土壤湿度变化大，也影响出苗。因此，在播种后，须随即盖草，以保持土壤湿润，防止土壤板结，促使种子早发芽，出苗齐全。很多中药材种植在土壤瘠薄的荒山、荒地上，水源条件差，灌溉不便，只有在定植和抚育时，就地刈割杂草、树枝，铺在定植点周围，保持土壤湿润，才能提高造林成活率，促进幼树生长发育。

覆草厚度一般为 10~15 cm。在林地覆盖时，避免覆盖物直接紧贴木本药用植物的主干，防止干旱条件下蟋蟀等昆虫集居在杂草或树枝内，啃食主干皮部。

地膜覆盖，可达到保墒抗旱、保温防寒的目的，同时也是优质高产、高效栽培的一项重要技术措施。

（2）遮荫　中药材中有些属阴生植物，喜阴湿，怕强烈日光直接照射，在栽培中必须以相应的荫蔽条件才能生长良好。由于不同的中药材品种对光照条件的反应不同，要求荫蔽的程度也不一样。因此必须根据中药材种类及其生长发育的不同时期调整其荫蔽度，使其更好地生长发育，达到优质高产的目的。荫蔽方法有利用间套作荫蔽，林下栽培，搭设荫棚等。

7. 整枝修剪

整枝修剪主要用于以果实入药的木本中药材。在其生长发育的不同时期，常常出现生长与结果不协调现象，如大小年、落花落果

等。通过适当行剪可以起到调节的作用。正确的整枝修剪可以调整个体与群体结构，更有效地利用空间，改善光照条件，提高光能利用率；协调树体各部分，各器官之间的平衡，调节其生长与结果的关系，使之按照栽培所需要的方向发展。

不同品种中药材或同一品种的不同生育期对整枝修剪的要求也不同。以果实入药的肉豆蔻、胡椒等，幼年植株一般宜轻剪，以培育成一定的株型，使形成一定的主枝、副枝、侧枝。促使早成形早结果。成年植株的修剪以保持树势强壮和各部之间相对平衡。使每年都有强壮充实的营养枝和结果枝，并使两种枝条保持适当的比例，提高结实能力，克服大小年结实现象，并能控制树体高度便于管理。而衰老植株通过老干枝更新，以恢复其生长和结实能力。

以树皮、树脂类入药的中药材如肉桂、安息香、白木香等，通过早期剪除下部的分枝，培养其直立粗壮的主干，便于剥皮、取脂、造香。

8. 人工授粉

以果实入药的中药材品种，要提高其产量，必须解决其授粉稔实率问题。往往由于气候、环境条件、植物花器官构造特殊等因素既不适于风媒传粉又不利于昆虫传粉，造成授粉不良缺粒，影响产量。如砂仁类、豆蔻类中药材自然结实率很低，甚至只开花不结实，必须通过人的辅助授粉才能获得经济产量，而且在综合措施管理下能获得高产稳产，其关键是解决授粉问题。

授粉方法有两种。

（1）抹粉法　用手指抹下花粉涂入柱头孔中。

（2）推拉法　用手指推拉雄蕊使花粉擦入柱头孔中。

不同中药材由于其生长发育的差异，各有最适授粉时间及方法，必须正确掌握，才能取得较好效果。

9. 支架

栽培的中药材藤本植物需要设立支架，以便牵引藤蔓上架，扩大叶片受光面积，增加光合产量，并使株间空气流通，降低湿度，减少病虫害的发生。对于株形较大的中药材藤本植物应搭设棚架，使藤蔓均匀分布在棚架上，以便多开花结果；对于株形较小的，一般只需在株旁立竿牵引。生产实践证明，凡设立支架的中药材藤本植物比伏地生长的产量增长一倍以上，有的还高达3倍。所以，设立支架是促进中药材藤本植物增产的一项重要措施。设立支架要及时。过晚，则植株长大互相缠绕，不仅费工，而且对其生长不利，影响产量。设立支架，要因地制宜，因陋就简，以便少占地面，节约材料，降低生产成本。

10. 抗寒潮、霜冻与预防高温

（1）抗寒防冻　抗寒防冻是为了避免或减轻冷空气的侵袭，提高土壤温度，减少地面夜间的散热，加强近地层空气的对流，使植物免遭寒冻为害。抗寒防冻的措施很多，除选择和培育抗寒力强的优良品种外，还可采用以下措施。

（2）预防高温　高温常伴随着大气干旱，高温干旱对药用植物生长发育威胁很大。生产上，可培育耐高温、抗干旱的品种，灌水降低地温，喷水增加空气湿度，覆盖遮阴等办法来降低温度，减轻高温为害。

二、中药材植物病虫害及其防治

1. 病害

中药材在栽培过程中受到有害生物的侵染或不良环境条件的影响，正常新陈代谢受到干扰，从生理功能到组织结构上发生一系列的变化和破坏，以至在外部形态上呈反常的病变现象，如枯萎、腐烂、斑点、霉粉、花叶等，统称病害。

引起中药材发病的原因简称为病原。病原包括生物因素和非生物因素。由生物因素如真菌、细菌、病菌、线虫等侵入植物体引起的病害有传染性，称为侵染性病害或寄生性病害。由非生物因素如

温、湿度、光照、旱、涝、养分失调，有害气体、杀虫剂、杀菌剂、除草剂、植物生长素等施用不当等的影响或损坏生理功能引起的病害有传染性，非侵染性病害或生理性病害这类病害虽不相互传染，但它能使植物降低对病原生物的抵抗力，诱发传染性病害。细菌常称为病原菌；被侵染植物称为寄主植物。

侵染性病害的发生不仅取决于病原生物的作用，而且与寄主植物的生理状态（如抗逆性）以及外界环境条件也有密切关系，是三者相互作用的过程。

侵染性病害根据病原生物的不同，可分为下列几种：

（1）真菌性病害　由真菌侵染所致的病害种类最多，如白豆蔻猝倒病、立枯病，白木香幼苗枯萎病，胡椒疫病，巴戟天茎腐病，槟榔褐根病等。真菌性病害一般在高温高湿时，过度密植、不通风适光时易发病，病菌多在病残体、种子、土壤中过冬。病菌孢子借风、雨传播。在合适的温度、湿度条件下孢子萌发，长出芽管，侵入寄主植物内为害。真菌性病害可造成植物倒伏、死苗、斑点、黑果、烂根、萎蔫等病状，在病部有明显的霉层、黑点、粉末、丝状物等病变征象。

（2）细菌性病害　由细菌侵染所致的病害，如胡椒细菌性叫斑病，槟榔细菌性条纹病，佛手溃疡病等。侵害植物的细菌都是杆状菌，大多具有一至数根鞭毛，可通过自然孔、口气孔、皮孔等和伤口侵入寄主植物内，借流水、雨水、昆虫等传播，在病残体、种子、土壤中过冬，在高温、高湿条件下易发病。细菌性病害症状表现为腐烂、穿孔、萎蔫等，发病后期遇潮湿天气时在病部溢出细菌黏液是细菌病害的特征。

（3）病毒病　如胡椒花叶病、木瓜花叶病等都是由病毒引起的。病毒病主要借住于带毒昆虫传染，有些病毒可通过线虫传染。病毒在杂草、块茎、种子和昆虫等活体组织内越冬。病毒病主要症状表现为花叶、黄化、卷中、皱叶、畸形、簇生、矮化、坏死、斑点等。

（4）线虫病　植物病原线虫，体积小，多数肉眼不能看见。由线虫寄生可引起植物营养不良而生长衰弱、矮缩甚至死亡。根据线虫造成寄生植物受害部位畸形膨大如巴戟天、广霍香、海巴戟天等的根结线虫病，造成根部须根丛生，地下部不能正常生长，地上部生长停滞植株矮小或黄化。

2. 虫害

中药材虫害，从广义上讲以有害昆虫为主，尚包括有害螨类、软体动物和鼠类等。昆虫中虽有很多属于害虫，但也有益虫，对益虫应加以保护、繁殖和利用。因此，认识昆虫，研究昆虫，掌握害虫发生和消长规律，对于防治害虫，保证药用植物获得优质高产具有重要意义。

昆虫由于食性和取食方式不同，口器也不相同，主要有咀嚼式口器和刺吸式口器。咀嚼式口器害虫，如甲虫、蝗虫及蛾蝶类幼虫等，它们都取食固体食物，为害根、茎、叶、果实和种子，造成机械性损伤，如缺刻、孔洞、折断、钻蛀茎秆、切断根部等。刺吸式口器害虫，如蚜虫、椿蟓、叶蝉和螨类等，它们是以针状口器刺入植物组织吸取食料，使植物呈现萎缩、皱叶、卷叶、枯死斑、生长点脱落、虫瘿（受唾液刺激而形成）等。此外，还有虹吸式口器（如蛾蝶类）、舐吸式口器（如蝇类）、嚼吸式口器（如蜜蜂）。了解害虫的口器，不仅可以从其为害状况去识别害虫种类，也为药剂防治提供依据。

昆虫的体壁由表皮层、皮细胞和基底膜三层所构成。表皮层又由内向外依次分为内表皮、外表皮和上表皮。上表皮是表皮最外层，也是最薄的一层，其内含有蜡质或类似物质。这一层对防止体内水分蒸发及药剂的进入都起着十分重要的作用。一般来说，昆虫随虫龄的增长，体壁对药剂的抵抗力也不断增强。因此，在杀虫药剂中常加入对脂肪和蜡质有溶解作用的溶剂。如乳剂，由于含有溶解性强的油类，一般比可湿性粉剂的毒效高。药剂进入害虫身体，主要

是通过口器、表皮和气孔三途径。所以针对昆虫体壁构造选用适当药剂，对于提高防治效果有着重要意义。

3．中药材病虫害防治方法

中药材病虫害的发生，必须具备三个要素，即寄主植物，病原或寄虫和适宜病虫害发生的环境条件，三者缺一不可。因此，防治途径也是从这三方面考虑。一般病虫的防治途径是：避开病、虫害；杜绝病、虫源；直接消灭病虫害；保护寄主植物等。从这些防治途径入手，人们制定了各种防治方法。这些防治方法归纳为农业防治，生物防治，物理、机械防治，化学防治等。

（1）农业防治法　即通过调整栽培技术等一系列措施以减少或防治病虫害的方法，大多为预防性的。主要包括几方面：合理轮作和间作、耕作、除草、修剪及清园、调节播种期、合理施肥、选育和利用抗病、虫品种。

（2）生物防治法　利用各种有益的生物来防治病虫害的方法。主要包括以下几方面：利用寄生性或捕食性昆虫以虫治虫、微生物防治、动物防治、不孕昆虫的应用等从而达到消灭害虫的目的。

（3）物理、机械防治法　应用各种物理因素和器械防治病虫害的方法。如利用害虫的趋光性进行诱杀；根据有病虫害的种子重量比健康种子轻，可采用风选法，淘汰有病虫的种子；或利用温水浸种等。

（4）化学防治法　是应用化学农药防治病虫为害的方法。主要优点是作用快，效果好，使用方便，能在短期内消灭或控制大量发生的病虫害，不受地区、季节性限制，是目前防治病虫害的重要手段。其他防治方法尚不能完全代替化学防治法。

化学农药有杀虫剂、杀菌剂、杀线虫剂等。杀虫剂根据其杀虫功能又可分为胃毒剂、触杀剂、内吸剂、熏蒸剂等。杀菌剂有保护剂、治疗剂等。使用农药的方法也较多，有喷雾、喷粉、喷种、浸种、熏蒸、土壤处理等。化学防治要注意了解药性、使用浓度、使用范围，对症下药。如对咀嚼式口器害虫应使用胃毒剂敌百虫等，而对刺吸式口器害虫应使用内吸剂磷胺等。同时要掌握病虫发生规律，抓住防治有利时机，及时用药。此外，还要注意农药合理混用，交替使用，安全使用，避免药害和人畜中毒。

4.农药在中药材上的应用

药剂防治是目前控制中药材病、虫害，保障药材稳产高产的一项重要措施。其特点是见效快，效率高，受区域性限制较小，特别是在病虫害大发生时，可在短时期内迅速控制病虫害，在适当的器械等配合下，便于大面积地使用。合理使用农药必须充分利用抗性品种和天敌两大优势，尽量减少农药使用量，并依据农药本身物理、化学性质，农药对中药材群体的作用机制及其生态环境的影响因素，选用合适的农药种类，采用合适的使用方法，提高药剂防治的经济和生态效益。

（1）农药的选择　农药的种类很多，各有其特点、使用范围和防治对象。在使用某种农药时，首先要了解此药的性能和使用范围，根据田间发生的病、虫的种类对症下药。如胃毒剂一般对咀嚼式口器的害虫有效，而对刺吸式口器的害虫就无效。触杀剂可兼治咀嚼式口器和刺吸式口器的害虫。杀虫剂同样要选择对口农药，根据农药的作用机理，种子消毒处理一般选用广谱性杀菌剂，而防治叶部的真菌性病害可选用多菌灵、托布津等农药，防治霜霉病时应选择对藻状菌敏感的农药等。

（2）农药的合理混用　基本原则是增效、安全、省工本。要求任一农药混合配方的生物活性有增效作用或能对多种病、虫起到兼治作用，但农药间不能产生颉颃或降解作用。混用的农药种类一般两种即可。从农药的理化性质来讲，要求混合后不出现分层、凝絮、沉淀、漂油等物理现象，也不可发生碱性水解反应、复合分解反应和金属取代反应等化学变化。

（3）农药使用的有效剂量　农药有效剂量可分为有效底剂量、常

用剂量和最高剂量三种。因此，实际应尽量利用最经济的农药用量，发挥最大防效，把单位用量压低到最经济的水平，同时，大力推广有效低浓度用药。

（4）防治对象地的确定　正确划分防治对象田是进行药剂防治和合理用药的重要环节。对于中药材病害来说，确定防治田块是通过调查，掌握苗情和病情，并以苗情为基础，病情为依据，参照本地气象预报和实况及病害流行规律，综合分析其发生趋势，然后划分对象田。

（5）防治适期的确定　选定合适的时间施用农药是有效控制病虫发生消长，保护有益生物和避免农药残留的重要途径。

掌握害虫盛发期，在对杀伤害虫最有利的虫龄阶段进行防治；非天敌敏感期；病虫易侵染、为害的生育期；注意农药安全间隔，即在收获前一定间隔时间内禁止用药，为做到适时用药，必须调查，搞好测报，正确地掌握病虫动态，从而确定防治适期。

（6）讲究施药方法和施药技术　施药技术和防治效果密切相关。根据不同防治对象，不同的中药材种类，不同的气候条件和不同药剂类型，应用相应的施药技术，才能确保药性。

施药方法与药剂、病虫等诸因素的配合非常重要。农药的使用方法种类很多，最常用的是喷雾、喷粉，尚有土壤处理、根施、浇灌、浸种、拌种、涂抹、注射、毒饵、熏蒸法等。

5. 农药的安全使用

安全使用农药是农药应用技术的重要组成部分，也是科学用药的一个管理系统。我国对安全用药采取了一系列措施，包括禁止或限制使用高毒、高残留农药、发展高效、低毒、低残留农药、生物农药，制定农药安全使用规定，建立农药登记制度等，对保障人民健康，维持生态环境起了很大作用。安全使用农药涉及范围广，是一门多学科的应用技术，但作为农药使用者来说，应主要做好预防人畜中毒，减少农药残留和环境污染，防止植物药害的工作。

三、中药材南繁种子的采收加工与质量管理

1. 种子的采收

中药材种子的成熟期随植物种类、生长环境不同而有较大差异。掌握适宜的采种时间十分重要。种子成熟包括形态成熟和生理成熟。生理成熟就是种子发育到一定大小，种子内部干物质积累到一定数量，种胚已具有发芽能力。形态成熟就是种子中营养物质停止了积累，含水量减少，种皮坚硬致密，种仁饱满，具有成熟时的颜色。一般情况下，种子的成熟过程是经过生理成熟再到形态成熟，但也有些种子形态成熟在先而生理成熟在后。当果实达到形态成熟时，种胚发育没有完成，种子采收后，经过贮藏和处理，种胚再继续发育成熟。也有一些种子，它们的形态成熟与生理成熟几乎是一致的。真正的成熟种子包括生理成熟和形态成熟两个方面。

在中药材生产中，种子成熟程度的确定，是根据种子形态成熟时的特征判断的。种子成熟后种子中干物质停止积累，含水量降低，硬度和透明度提高，种皮的颜色由浅变深，呈现出品种的固有色泽。实际采种时，还要考虑果皮颜色的变化。一些果实成熟时其形态特征也不同，浆果、核果类（多汁果）果皮软化，变色。果皮由绿色变为黄色，成熟时，果实变为黑色。干果类果皮由绿色变为褐色，由软变硬。其中，蒴果和荚果果皮自然裂开。球果类果皮一般都是由青绿色变成黄褐色，大多数种类的球果鳞片微微裂开。成熟时，果实变为黄褐色。

新采集的种子一般都带有果皮，因此要及时脱粒处理。对酸枣、颠茄等浆果类种子，可将其果实浸入水中，待其吸胀时用棍棒捣拌使果肉与种子分离，然后用清水淘洗，漂选，风干；对易开裂的蒴果和荚果类种子可放在阳光下晒干，使果皮裂开，然后用木棒敲打，使种子脱出。在种子脱粒过程中，要尽量避免损伤种子。种皮破损的种子易感染病菌，不耐贮存。有时带果皮贮藏的种子寿命长，质

量好。有些中药材以果实保存，播种前才脱粒。采收清理后的种子，要进行精选，取整齐、饱满而又无病虫害的种子贮藏留种。

2. 种子的寿命与贮藏

（1）种子的寿命 种子生活力是指种子能够萌发的潜在能力或种胚具有的生命力。种子生活力在贮藏期间逐渐降低，最后完全丧失。种子从发育成熟到丧失生活力所经历的时间，称为种子的寿命。种子的寿命因中药材种类不同而有很大差异。一些植物的种子，如热带的可可、芒果、肉桂等的种子，既不耐脱水干燥，也不耐零下低温，寿命往往很短（几天或几周），这类种子称为顽拗性种子。而大多数的种子，能耐脱水和低温（包括零上低温和零下低温），寿命较长，被称为正常性种子。根据寿命不同，种子可划分为三种类型：

① 短命种子：寿命在 3 年以内。短命种子往往只有几天或几周的寿命。对于这类种子，在采收后必须迅速播种。短命中药材种子多是一些原产热带、亚热带的中药材以及一些春花夏熟的种子。如很多热带植物可可属、咖啡属、金鸡纳树属、古柯属、荔枝属等的种子很容易劣变，延迟播种便会丧失种子生活力。春花夏熟的种子如白头翁、辽细辛、芫花等寿命也很短。按种子贮藏的生理特性，"短命"种子可分为两大类，一类是耐干藏种子，在一般贮藏条件下，迅速失去寿命的决定因素是高温高湿。例如，杨树种子在一般开花条件下贮藏，寿命只有 30~40d，如在高温多湿情况下，活力丧失更快。可是将干燥种子保存在低温、密闭、干燥条件下，1 年后种子发芽率仍保持在 80% 左右。另一类是忌干藏种子，如柑橘、古柯、肉桂、荔枝等，保存寿命的基本条件是防止丢失种子本身的水分，必须保持含水量在一定的范围内，同时还要有一个接近冰点的温度和最低限度的通气条件。如荔枝种子含水量为 40% 以下贮藏时，活力很快丧失，高于 40% 的含水量，可延长种子的寿命。

② 中命种子：寿命为 3~15 年。某些木本中药材种子和具有硬实特性的种子，其发芽年限为 5~10 年，为中命种子。

③ 长命种子：寿命在 15~100 年或更长。在长命种子中，以豆科植物居多，其次是锦葵科植物。如豆科的多对野决明种子寿命超过 158 年。

在农业生产中，种子的寿命以达到 50% 以上发芽率的贮藏时间为衡量标准。一个群体发芽率降到 50% 时，称该群体的寿命，或称该种子的半活期。但是，对于中药材来说，应根据中药材的不同区别对待。有的中药材即使是新鲜种子，发芽率也不高，种子标准不能过高。

（2）影响种子寿命的因素　影响种子寿命的因素主要分为内因和外因。

① 内因：中药材种子寿命的主要影响因素有种皮（或果皮）结构、种子贮藏物、种子含水量及种子成熟度等。种皮（或果皮）结构影响种子寿命，种皮坚硬致密、不易透水透气，有利于生命力的保存，而种皮薄，又不致密，故寿命短。种子内的贮藏物的种类也会影响种子寿命，一般含脂肪、蛋白质多的种子比含淀粉多的种子寿命长，其原因是脂肪、蛋白质分子结构复杂，在呼吸作用过程中分解所需要的时间比淀粉长，同时所放出的能量比淀粉高。少量脂肪、蛋白质放出的能量就能满足种子微弱呼吸的需要，在单位时间内消耗的物质比淀粉少，故能维持种子生命力的时间相对长。许多休眠种子含有抑制物质，能抑制真菌侵染，寿命较长。

贮藏期间种子含水量直接影响种子呼吸作用强度。根据种子对贮藏时期水分的要求，中药材种子大致可分为干藏型和湿藏型两大类。大部分中药材种子适宜干藏，最理想的贮藏条件是将充分干燥的种子密封于低温及相对湿度低的环境中。干燥种子的含水量极低，绝大部分都以束缚水的状态存在，原生质呈凝胶状态，代谢水平低，有利于种子生命力的保存。含水量高时增加了贮藏物质的水解能力，增强了呼吸强度，导致种子生活力迅速降低。通常种子含水量在 5%~14%，其含水量每降低 1%，种子寿命可增加 1 倍。当种

子含水量为 18%~30% 时，如有氧气存在，由于微生物活动而产生大量热，种子容易迅速死亡。当油质种子含水量在 10% 以上，淀粉种子在 13% 以上时，真菌的生长往往使种胚受到损坏。总之，种子含水量超过 10%~13%，往往出现萌发、产热或真菌感染，从而降低或破坏种子生活力。现在中药材贮藏时安全含水量没有统一标准，一般大粒种子安全含水量较大，为 8%~15%，小粒种子较小，为 3%~7%。

另有少部分中药材种不耐干藏，适宜贮藏在湿度较高的条件下，这大多是一些喜阴植物种子在夏季成熟的种类。大多数热带中药材，干燥会导致种子衰亡。如海南岛产的青皮新种子水分 41.6%，发芽率为 55%；经 20℃风干 3d，水分降至 23%，发芽率为 21%，经超薄切片电镜观察，发现干燥失水会引起细胞器膜结构的损伤，原生质也分散成团块状，造成一种不可逆的反应。属于湿藏型的种子还有槟榔、瓦氏马钱、肉桂、古柯、沉香、丁香、肉豆蔻等。

种子成熟度也影响种子的寿命。不成熟的种子，其种皮厚，贮藏物质未转化完全，容易被微生物感染，发霉腐烂，种子含水量高，呼吸作用强，因而缩短种子寿命，微生物也容易侵入，这样大大缩短了种子的寿命。如充分成熟的穿心莲种子贮藏 4 年后仍有 53% 发芽率，而不够成熟的种子发芽率仅 1.5%~4%。

此外，萌动、浸泡过的种子以及突然风干或暴晒脱粒的种子都不宜再贮藏，因为这样的种子很容易失去生活力。

② 外因：主要有温度、湿度和通风条件。温度较高时，酶的活性增强，加速贮藏物质转化，不利于延长种子的寿命，同时还会使蛋白质凝结。温度过低会使种子遭受冻害，引起种子死亡。通常种子含水量在 10% 以下的种子能耐低温，而含水量高的种子，则只能在 0℃以上的条件下才不受冻害。试验证明，温度在 0~50℃范围内，每降低 5℃，寿命可延长 1 倍。

贮藏环境的空气相对湿度也很重要，因种子具有吸湿性能，如空气相对湿度大，则种子难干燥，也会因吸收水分增加了含水量，故要求有干燥的贮藏条件。

另外，贮藏气体也影响种子的寿命。一般在有空气的条件下，如用减氧法贮藏，可延长种子寿命，用密封充氮，增加二氧化碳等方法也可延长种子寿命。

此外，化学药品如杀虫剂、杀菌剂等都可降低种子寿命。接种物如固氮菌在种子上容易使种子吸水，因此都在播种前才进行处理。在种子贮藏过程中还要注意防止昆虫、老鼠及微生物的为害。

（3）种子贮藏方法　根据种子性质，种子贮藏方法可分为干藏和湿藏两大类。

① 干藏法：将干燥的种子贮藏于干燥的环境中。干藏除要求有适当的干燥环境外，有时也结合低温和密封条件，凡种子含水量低的均可采用此法贮藏。干藏法又分普通干藏法和低温干藏法。

——普通干藏法：将充分干燥的种子装入麻（布）袋、箱、桶等容器中，再放于凉爽而干燥，相对湿度保持在50%以下的种子室、地窖、仓库或一般室内贮存。大多数中药材种子均可采用此法。

——低温干藏法：对于种皮坚硬致密，不易透水透气的种子，如山茱萸、决明、合欢等，为了延长其寿命，在进行充分干燥后，可放在0~5℃，相对湿度维持在50%左右的种子贮藏室贮存或放在冰箱或冷藏室内。需长期贮存，而用低温干藏仍易失去发芽力的种子可采用密封干藏。即将种子放入玻璃等容器中，加盖后用石蜡或火漆封口，置于贮藏室内。容器内可放些吸湿剂如氯化钙、生石灰、木炭等，可延长种子寿命5~6年。如能结合低温，效果更好。

② 湿藏法：湿藏的作用主要是使具有生理休眠的种子，在潮湿低温条件破除休眠，提高发芽率，并使贮藏时所需含水量高的种子的生命力延长。其方法一般多采用砂藏，即层积法。这种方法可在室外挖坑或室内堆积进行，必须保持一定的湿度和0~10℃的低温

条件。如种子数量多，可在室外选择适当的地点挖坑，其位置在地下水位之上。坑的大小，根据种子多少而定。先在坑底铺一层10cm厚的湿砂，随后堆放40~50cm厚的混砂种子（砂：种子=3：1），种子上面再铺放一层20cm厚的湿砂，最上面覆盖10cm厚的土，以防止砂子干燥。坑中央要竖插一小捆高粱秆或其他通气物，使坑内种子透气，防止温度升高致种子霉变。如种量少，可在室内堆积，即将种子和3倍量的湿砂混拌后堆积室内（堆积厚度50cm左右），上面可再盖一层15cm厚的湿砂。也可将种子混砂后装在木箱中贮藏。贮藏期间应定期翻动检查。有时遇到反常的温暖天气，或贮藏末期温度突然升高，可能引起种子提前萌发。如有这种情况，应及时将种子取出并放入冰箱或冷藏室，以免芽生长太长，影响播种。

3. 种子品质的检验

中药材种子品质检验又称种子品质鉴定。中药材种子品质（质量）包括品种品质和播种品质。种子检验就是应用科学的方法对生产上的种子品质进行细致的检验、分析、鉴定以判断其优劣的一种方法。种子检验包括田间检验和室内检验两部分。田间检验是在中药材生长期内，到良种繁殖田内进行取样检验，检验项目以纯度为主，其次为异作物、杂草、病虫害等；室内检验是种子收获脱粒后到晒场、收购现场或仓库进行扦样检验，检验项目包括净度、发芽率、发芽势、生活力、千粒重、水分、病虫害等。其中，净度、重量、发芽率、发芽势和生活力是种子品质检验中的主要指标。

（1）种子净度　种子净度，又称种子清洁度，是纯净种子的重量占供检种子重量的百分比。净度是种子品质的重要指标之一，是计算播种量的必需条件。净度高，品质好，使用价值高；净度低，表明种子夹杂物多，不易贮藏。计算种子净度的公式如下：

种子净度（%）=（纯净种子重量÷供检种子重量）×100

（2）种子饱满度　衡量种子饱满度通常用它的千粒重来表示，以"g"为单位。千粒重大的种子，饱满充实，贮藏的营养物质多，结构致密，能长出粗壮的苗株。它是种子品质重要指标之一，也是计算播种量的依据。

（3）种子发芽能力的鉴定　种子发芽能力可直接用发芽试验来鉴定，主要是鉴定种子的发芽率和发芽势。种子发芽率是指在适宜条件下，样本种子中发芽种子的百分数，用下式计算：

发芽率（%）=（发芽种子粒数÷供试种子粒数）×100

发芽势是指在适宜条件下，规定时间内发芽种子数占供试种子数的百分率。发芽势说明种子的发芽速度和发芽整齐度，表示种子生活力的强弱程度。

发芽势（%）=（规定时间内发芽种子粒数÷供试种子粒数）×100

（4）中药材种子生活力的快速测定　种子生活力，是指种子发芽的潜在能力或种胚具有的生命力。中药材种子寿命长短各异，为了在短时期内了解种子的品质，必须用快速方法来测定种子的生活力。中药材种子生活力鉴定通常用红四氮唑（TTC）染色法、靛红染色法等。

① 红四氮唑（TTC）染色法：2，3，5 氯化（或溴化）三苯基四氮唑简称四唑或 TTC，其染色原理是根据有生活力种子的胚细胞含有脱氢酶，具有脱氢还原作用，被种子吸收的氯化三苯基四氮唑参与了活细胞的还原作用，故不染色。由此可根据胚的染色情况区分有生活力和无生活力的种子。

② 靛红染色法又称洋红染色法：它是根据苯胺染料（靛蓝、酸性苯胺红等）不能渗入活细胞的原生质，因此不染色，死细胞原生质则无此能力，故细胞被染成蓝色。根据染色部位和染色面积的比例大小来判断种子生活力，一般染色所使用的靛红溶液浓度为 0.05%~0.1%，宜随配随用。染色时必须注意，种子染色后，要立即进行观察，以免褪色，剥去种皮时，不要损伤胚组织。

4. 种子加工、干燥所需的设备

中药材种子加工、干燥所需的设备种类很多，而且因药材而异。产地加工、干燥一般是就地取材，力求实用、经济，能代用的就不

另添设备，能一种设备具有多功能更好。

（1）工具　加工、干燥使用的工具多为手工操作，主要是用机械加工还有困难，或者产量少。工具种类很多，有刮皮、削皮用的刀具，剪除非药用部位、须根用的剪刀，清选、分级用的筛、簸箕、洗涤用的刷、筐、篓、翻动药材用的耙，使药材外表光洁所用的撞笼、木桶，以及干燥使用的晒席、晒盘，浸漂的缸、桶、盆等。

（2）机械　加工、干燥使用的机械不多，因此，目前药材加工使用的机械都比较专一化，或者利用其他机械进行某些加工。目前各地使用的机械主要有用于洗涤的滚筒式、旋转式、摇摆式洗药机、金属网循环式高压水清洗机，用于切片的剁刀式、旋转式切药机等。

（3）干燥设备　晒场一般宜设在居住房附近向阳的地方，四周无高大树木或建筑物，地势高燥，排水良好。地面最好铺混凝土。四周开排水沟，以免场地积水。火坑设备简单，投资少。火坑的形式多样，有圆形、方形、长方形，亦有反射炉式等；有固定的、临时性的和活动的。临时性的在收获地挖个山坑，用木条、竹子捆扎铺架，架上铺药材，架下面生火加热。活动的火坑是一个长方形的木（竹）架，架四周敷泥土或石灰，一方设门，以便放置火炉于架上，架上铺帘铺放药材。固定火坑是在地面或地下掘坑砌炕灶，上面架设檀木，铺帘或席箔铺放药材，下面砌灶生火加热。有的灶与坑分开中间由火道连接呈反射炉式。烘房又叫烤房，主要由干燥室、加热设备、通风排湿系统、原料装载设备组成。烘房形式多样，可采用专木结构、混凝土结构或普通房屋改建。干燥室一般长6~10m，宽3~4m，高2m左右，长的一方与主风方向垂直，以利空气通过气窗进入干燥室，迅速排除室内的水气，开关门及炉灶升温不会受到风的干扰。加热设备的炉灶砌在干燥室外地平面以下，炉膛与干燥室地面的主火道相连，主火道又与干燥室两侧墙上呈"之"字形的墙火道相接，墙火道末端与房顶的烟囱相接。通风排湿设备主要包括进气窗设在干燥室的两侧墙基部，一般4~6个，能开关。

排气筒装于干燥室房顶，高出房顶不超过1m，原料装载设备要求坚固耐用，轻便，利于作业，主要包括炕架、烤盘、轻便轨道，炕架基部装铁轮可在轨道上推行，坑架分别放置在主火道上，架上放置烤盘，盘内铺放药材。

5. 包装

中药材种子自产地采收后，经过必要的加工，即应进行包装，包装后的药材便于运输、贮藏。正确的包装方法及包装质量对保障药材质量安全、稳定、有效，起着重要作用。对中药材类实施包装限定是中药材在储运过程中质量稳定的重要保障。从事药材生产者应遵照国家对药材包装管理的各项法规、政策，因药而异，采用必要的包装措施。

6. 中药材种子的贮藏

中药材种子贮藏应根据中药材种子特点进行针对性保存，应注意贮藏过程中霉变、虫害等发生。

第二篇

各　论

第一章　怀牛膝

一、怀牛膝介绍

怀牛膝（*Radix Achyranthes* Bidentata）是我国常用大宗中药材之一，以干燥根入药。有补肝肾、强筋骨、祛瘀通经、引血下行的作用，主要用于腰膝酸痛，筋骨无力，经闭，肝阳眩晕等症。怀牛膝已有数千年的人工种植历史。随着怀牛膝药用价值的新发现，其用量越来越大，怀牛膝主产于河南和安徽一带，是著名的"四大怀药"之一。

怀牛膝为多年生草本植物，高 100cm 左右；根圆柱形；茎有棱角，几无毛，节部膝状膨大，有分枝。叶卵形至椭圆形，或椭圆状披针形，两面有柔毛，有叶柄。穗状花序腋生和顶生，花后总花梗伸长，花向下折而贴近总花梗；苞片宽卵形，顶端渐尖，小苞片贴生于萼片基部，刺状，基部有卵形小裂片；花被片 5，绿色；雄蕊 5，基部合生，退化雄蕊顶端平圆，波状。胞果矩圆形，种子长圆形，长 1mm，黄褐色。

二、栽培前期准备

怀牛膝系深根作物，宜选土层深厚，疏松肥沃，排水良好且地下水位较低的砂质土壤种植。当前作收获后，深翻土壤 60cm 以上，灌水使表土层沉实，待稍干后，每亩施用腐熟肥 1250kg，磷肥 50kg 共同混拌均匀，堆沤数日，均匀撒于表土层，然后再翻耕 1 次，翻入土内用基肥。整平耙细后，作宽 1.5m 的畦，畦沟深 50cm，四周开好较深的排水沟待播。

三、播种

（1）种子处理　播种前将种子放在凉水中浸泡24h，捞出后稍晾，略干后播种。也可用催芽法播种。

（2）播种　播种时间要根据种植地区而定，三亚为11—12月，播种方法多采用条播或穴播。条播按行距33cm播种，开2cm深沟，将处理过的种子拌入适量的细土，均匀地播入沟内，浅盖一层细土，保持土壤湿润，播种3~5天后出苗，每亩用种2kg。穴播按行距50cm，株距30cm挖穴，每穴播种3~5粒。

当苗高5~6cm时，开始第一次间苗，去弱留强，保持苗距6~7cm；当苗高10cm左右时，按行株距30cm×30cm定苗。缺苗时，选阴天进行补苗。

四、田间管理

（1）定苗　苗高7~10cm时按株距7cm左右间苗；苗高17~20cm时按株距30cm定苗。

（2）追肥　定苗后要追肥1次，每亩施过磷酸钙14kg、硫酸铵8kg或人粪尿1 000kg，施后轻锄一遍。怀牛膝苗生长太旺时要打顶，在苗高30cm左右时如叶片发黄，说明肥力不足，可再施1次人粪尿或含氮化肥，以利根部生长。

五、病虫草害防治

需要注意草害的发生，有些杂草的种子（如菟丝子）会和怀牛膝的种子混在一起。发现时要立即处理。

斜纹叶蛾幼虫为害状如下图。咬食叶片叶肉，并留下一层透明的表皮，进入3龄或4龄后除叶脉外，整片叶子都可以啃食。防治方法是使用高效氯氰菊酯1 000倍液进行防治。

方法是使用高效氯氰菊酯 1 000 倍液进行防治。

六、种子采收

怀牛膝南繁生长周期 95 d 左右，花期 2—3 月，果期 3—4 月，种子收获主要在 3 月至 4 月底。每株种子量 700 粒左右。

第二章 荆 芥

一、荆芥介绍

荆芥(*Schizonepeta tenuifolia* Brip.)为唇形科一年生药用植物,药用全草或花序,主产江苏、河北等地,具有祛风,解表,透疹,止血的功能。

荆芥为一年生直立草本植物,高为 0.3~1m。被灰白色疏短柔毛。叶指状 3 裂,偶有多裂,两面被短柔毛,下面有腺点;叶柄短。轮伞花序多花,组成顶生间断的假穗状花序;苞片叶状,小苞片条形,极小;花萼狭钟状,三角状披针形,后齿较大;花冠青紫色,筒内面无毛,下唇中裂片顶端微凹,基部爪状变狭。小坚果矩圆状三棱形。生路边或林缘。

二、栽培前期准备

土地选择地势平整、土层深厚、利于排灌、雨天不积水的沙壤农田种植。亩可施用堆肥、厩肥或熏土等有机肥 2 000kg 以上,重茬地要增施底肥,禁用硝态氮肥。将基肥均匀撒于地面后耕深 25cm 左右,深耕后,作高畦,高 0.2m,宽 1m,长 10m。两侧沟深 0.3m,以利排水。

三、播种

播种前应对种子进行筛选,拣出其中的杂质和已损伤的种子,然后用水浸泡 12~24h,捞出后晾晒到通风干燥处,以使种子内部

新陈代谢加快,增强成活力,提高发芽率。由于荆芥种子细小,为使播种更均匀,可等到种子表面无水时掺拌适量细沙或细土,种子与沙土的比例为3:1,搅拌均匀后即可播种。在畦上用工具顺畦开沟,沟距20cm左右,沟深5cm左右。将种子撒入沟内,通常每亩地用种量为1kg左右。

播种后,盖土1~2cm厚,用脚稍踏实,再用铁耙搂平,使种子与土壤紧密接触。播后浇水,保持畦面土壤湿润,有利出苗。播后地温在16~18℃时需10~15d出苗,如地温在19~25℃且湿度适宜,约1周就可出苗,出苗前后也要保持土壤湿润。

四、田间管理

(1)间苗定苗 当苗高6~10cm时,间去过密的弱苗、小苗。当苗高10~15cm时按行株距10~15cm留苗2~3株进行定苗,如有缺苗,应将间出的大苗、壮苗带土移栽,最好选阴天移栽,避免在阳光强烈时进行。移苗时尽量多带原土,补苗后要及时浇水,以利于幼苗成活。

(2)中耕除草 中耕除草是荆芥生长发育良好的关键措施,主要是疏松土壤,提高地温,调节土壤水分,铲除杂草,这样才能够促进根系发育,保证幼苗的健壮生长。当苗高5cm左右时,用小锄松土,划破地皮即可,防止伤根。幼苗期中耕要突出"早、浅、细":"早"是指出苗后要及时进行中耕;"浅"是指中耕深度不能超过5cm,以防伤根、伤苗、跑墒;"细"是指中耕时做到深浅一致,土壤疏松细碎。

荆芥进入生长期后,也要经常中耕除草,保持田间土松无杂草,20d左右进行1次,或视具体情况再定,撒播的因不便中耕,所以要注意除草,或适当中耕1~2次,一般封行后就不便进行松土了。松土宜浅,以免伤根。中耕宜在土壤干湿度适中时进行。

(3)施肥排灌 荆芥幼苗期需氮肥较多,为了促使秆壮、穗多,也应适当追施磷、钾肥。当苗高 15~20cm 时，顺行间撒入一些化肥，每亩追施尿素 10~15kg、饼肥 25~40kg。幼苗期应经常浇水，以利生长。成株后抗旱能力增强，可不再进行浇灌，但夏季久旱无雨，土壤含水量在 8% 以下，植株呈萎蔫状态时应进行轻浇水，每次浇水量不宜过大。荆芥在此时期最怕水涝，如雨水过多，应及时排掉田间积水，以免引起病害。当苗高 20~25cm 时，加施氯化钾10kg，开沟施入，施后培土。当苗高 30cm 以上时，每亩撒施腐熟饼肥 60kg，并可配施少量磷、钾肥。7月荆芥进入生长后期，此时一般不进行田间管理，让其自然生长，这样可以抑制生殖生长，有利于营养生长，提高产量和质量。

五、病虫害防治

目前未见严重病虫害发生。

六、种子采收

荆芥南繁生长周期 95d 左右，花期为种植 1~2 个月后，果期为2~3 个月后，种子收获主要在 3 月至 4 月底。每株的种子量 800 粒左右。

第三章　瞿　麦

一、瞿麦介绍

瞿麦（*Dianthus superbus* L.）石竹科、石竹属多年生草本植物。味苦，性寒。归心、小肠经。有利尿通淋，活血通经的功效。用于热淋，血淋，石淋，小便不通，淋沥涩痛，经闭瘀阴。

多年生草本，高 50~60cm，有时更高。茎丛生，直立，无毛，上部分枝。叶条形至条状披针形，顶端渐尖，基部成短鞘围抱节上，全缘。花单生或成对生枝端，或数朵集生成稀疏叉状分歧的圆锥状聚伞花序；萼筒粉绿色或常带淡紫红色晕。蒴果长筒形，种子扁卵圆形，边缘有宽于种子的翅。生于山野、草丛或岩石缝中。

二、栽培前期准备

种植瞿麦以疏松肥沃、排水良好的沙质壤土为宜。播前施厩肥、过磷酸钙、草木灰。施后深耕，耙细整平，做畦起垄。

三、播种

以种子繁殖为主，也可采用分株繁殖。种子繁殖于 4 月中下旬进行，开浅沟条播，播种前用新高脂膜拌种（可与种衣剂混用），驱避地下病虫，隔离病毒感染，加强呼吸强度，提高种子发芽率。将种子均匀播入沟内，覆土稍加镇压。

四、田间管理

（1）间苗定苗　若采用条播法，一般在苗高 7~10cm，按株距 10~13cm 留苗 1 丛，每丛 3~4 株；若采用点播法，则每穴留苗 5~7 株。

（2）中耕除草　定苗后中耕 1 次，以后每 2~3 周中耕 1 次，保持土壤疏松，田内无杂草。

（3）追施肥料　一般每年追肥 3 次。秋播苗在冬季施用厩肥盖苗，保苗越冬；第 2 年雨前后施堆肥 1 次；在第 1 次割苗后、二茬苗萌发前，每 667m² 追施人粪尿 1 000kg 或碳铵 15~20kg，促使新苗生长发育。

（4）灌溉排水　土壤水分过多或过少对瞿麦的生长均有不良影响。播种后要经常灌水保持畦面湿润，保证出苗。出苗后遇干旱则应及时灌水；雨季应及时排除积水，以防烂根。

五、病虫害防治

南繁时较易产生根腐病，土壤积水过多会导致瞿麦叶色发黄，根茎腐烂。防治方法是选择排水良好的土壤，尽量不要在多年的水稻土上种植，发病时可以使用石灰粉或者草木灰撒在根部。

斜纹夜蛾，由于瞿麦叶子只有主叶脉，因此为害状（如下图）

为整片叶子只留下一层薄薄的表皮，而且会留下一些粪便。防治方法参考牛膝。

六、种子采收

瞿麦南繁生长周期135d左右，花期在种植2个月后，果期为3~4个月后，种子收获主要在3月至4月底。每株的种子量900粒左右。

第四章 草红花

一、草红花介绍

草红花（*Carthamus tinctorius* L.）为菊科红花属植物。辛，温。归心、肝经。活血通经，散瘀止痛。用于经闭，痛经，恶露不行，癥瘕痞块，胸痹心痛，瘀滞腹痛，胸胁刺痛，跌扑损伤，疮疡肿痛。

草红花为一年生草本植物。高100cm左右。茎直立，上部分枝，全部茎枝白色或淡白色，光滑，无毛。中下部茎叶披针形、披状披针形或长椭圆形，边缘大锯齿、重锯齿、小锯齿以至无锯齿而全缘，极少有羽状深裂的，齿顶有针刺，向上的叶渐小，披针形，边缘有锯齿，齿顶针刺较长。全部叶质地坚硬，革质，两面无毛无腺点，有光泽，基部无柄，半抱茎。头状花序多数，在茎枝顶端排成伞房花序，为苞叶所围绕，苞片椭圆形或卵状披针形。包括顶端和边缘有针刺，或无针刺，顶端渐长，有篦齿状针刺。总苞卵形，总苞片4层，外层竖琴状，中部或下部有收缢，收缢以上叶质，绿色，边缘无针刺或有篦齿状针刺，顶端渐尖，收缢以下黄白色；中内层硬膜质，倒披针状椭圆形至长倒披针形，顶端渐尖。全部苞片无毛无腺点。小花红色、桔红色，全部为两性，花冠裂片几达檐部基部。瘦果倒卵形，乳白色，有4棱，棱在果顶伸出，侧生着生面，无冠毛。

二、栽培前期准备

整地与施肥：选地势，高排水好的田块，精耕细作。结合整地，施足基肥：每亩施土杂肥 3 000kg，尿素 20kg，磷钾肥 50kg。然后作畦，等待播种。

三、播种

草红花用种子繁殖，播时用耧将种子均匀的播入整好的畦面上（采用宽窄行），或按行株距 40cm×15cm 点播在整好的畦面上，每穴放种子 3~5 粒。浇水保墒，以利成活。

四、田间管理

草红花齐苗后，应注意中耕除草。干旱天气常浇水，阴雨天气及时排水。苗高 10cm 时进行间苗，去弱留强，每穴留壮苗 1~2 株。现蕾时追肥一次，每亩追尿素 5kg，磷酸二氢钾 10kg。

五、病虫害防治

（1）地老虎　这种虫害一般都是发生在红花的幼苗期。地老虎在红花幼苗时可以直接将茎基部咬断造成幼苗死亡（如右图）。防治方法：在整地翻耕后暴晒土地 3d 左右，或者喷施敌百虫 1 000 倍液；在红花药苗发生病害可以用辛硫磷 1 500 倍液灌根。

（2）蛞蝓　一种软体动物，咬食幼苗期的红花根茎部表层，造成根茎生长不良，导致开花结籽后倒伏；另外，蛞蝓爬过后会留下一层粘液，也会有类似为害（如右图）。

防治方法：可用 1 000 倍液的高效氯氰菊酯喷洒根茎部。

（3）斜纹夜蛾 为害状和怀牛膝相似（如下图）。防治可参考怀牛膝。

六、种子采收

草红花南繁生长周期 120 d 左右，花期在种植 2 个月后，果期为 3~4 个月后，种子收获主要在 3 月至 4 月底。每株的种子量 500 粒左右。

第五章　王不留行

一、王不留行介绍

王不留行，为石竹科植物麦蓝菜 [*Vaccaria segetalis*（Neck.）Garcke] 的干燥成熟种子。味苦，平。归肝、胃经。活血通经，下乳消肿，利尿通淋。用于经闭，痛经，乳汁不下，乳痈肿痛，淋证涩痛。

麦蓝菜为一年生草本植物，高 30~70cm，全株无毛。叶卵状椭圆形至卵状披针形，无柄，粉绿色。聚伞花序有多数花；花后基部稍膨大，顶端明显狭窄；花瓣粉红色，倒卵形，先端具不整齐小齿，基部具长爪；子房长卵形。蒴果卵形，有 4 齿裂，包于宿存萼内；种子多数，暗黑色，球形，有明显粒状突起。生于山地、路旁、田埂边和丘陵地带，尤以麦田中生长最多。

二、栽培前期准备

宜选土壤疏松、肥沃、排水良好的沙壤土种植。结合整地每亩施入腐熟厩肥或堆肥 2 500kg 作为基肥。

选择饱满、有光泽、黑色的果实作种子，晒干贮藏。播种的时间应定在 9 月中下旬至 10 月上旬，也可春种夏收。

三、播种

（1）点播　在整好的畦面上，按行株距 25cm×20cm 挖穴，穴深 3~5cm。然后按每亩用种量 1kg 将种子与草土灰混合拌匀，制成"种子灰"，每穴均匀地撒入一小撮，含有 7 粒左右的种子，播后覆土 1~2cm。

（2）条播　按行距 25~30cm 开浅沟，沟深 3cm 左右。然后，将种子均匀地撒入沟内，播后覆土 1.5~2cm，每亩用种量 2kg 左右。

四、田间管理

当株高 7~10cm 时，进行第 1 次中耕除草，松土时宜浅，避免伤根，用手拔除杂草。结合中耕除草，进行间苗和补苗，每穴留壮苗 4~5 株。第 2 次中耕除草于第 2 年春季 2—3 月进行。条播的按株距 25cm 定苗。以后视杂草孳生情况，再进行一次中耕除草，保持土壤疏松和田间无杂草。

追肥：生长期间一般进行 2~3 次追肥。第 1 次在苗高 7~10cm 时进行，中耕除草后每亩施入稀人畜粪水 1 500kg 或尿素 5kg。第 2 年春季进行中耕除草后，每亩施入较浓的人畜粪水 2 000kg 及过磷酸钙 20kg，或用 0.2% 磷酸二氢钾进行 1~2 次根外追肥，这样有利于增产。

五、病虫害防治

地老虎为害状也是根茎部直接被咬断死亡。防治方法参考红花。

六、种子采收

王不留行南繁生长周期 120d 左右，花期在种植 1~2 个月后，果期为 2~4 个月后，种子收获主要在 3 月至 4 月底。每株的种子量 400 粒左右。

第六章　草决明

一、草决明介绍

草决明（*Cassia obtusifolia* L.）决明子味苦、甘、咸，性微寒，入肝、肾、大肠经；润肠通便，降脂明目，治疗便秘及高血脂，高血压。清肝明目，利水通便，有缓泻作用，降血压、降血脂作用。

草决明为一年生草本植物，茎直立、粗壮，高约40cm，全株有恶臭气味和短绒毛。叶互生，双数羽状复叶，小叶3对，叶柄上无腺体，叶轴上每对小叶间有棒状的腺体1枚，小叶3对，纸质，倒心形或倒卵状长椭圆形，顶端钝而有小尖头，基部渐狭，偏斜，两面被柔毛，托叶线形，被柔毛，早落。花盛夏开放，腋生，膜质，下部合生成短管，外面被柔毛，花瓣黄色，下面二片略长，子房无柄，被白色柔毛。荚果纤细，近线形，有四直棱，两端渐尖，种子菱形，光亮。

二、栽培前期准备

草决明宜选平地或向阳坡地，每亩施腐熟好的土杂肥3 000kg，过磷酸钙50kg，硫酸钾30kg，尿素20kg，整平耙细后，作畦，作畦宽1.2m的平畦或高畦，盖膜。

三、播种

播种时应对种子进行处理，可用50℃的温水浸种12~24h，使其吸水膨胀后，捞出晾干表层，拌火木灰即可播种。在作好的畦面上按株距 50cm、行距 50cm 穴播。穴深由墒情而定，墒情好，穴深 3cm，覆土 1.5~2cm；墒情不好时，覆土 2cm。每穴 5~6 粒，稍加镇压。播种后经常保持土壤湿润，7~10d 发芽出苗，亩用种量为 1~1.5kg。播种时用地膜可明显提高草决明的产量和质量。

四、田间管理

经过一段时间，草决明幼苗出土后，当苗高 3~5cm 时，剔除小苗、弱苗，每穴留 3~4 株壮苗；当苗高 10~15cm 时，进行定苗，每穴留壮苗 2 株。如发现缺苗，及时补栽，作到苗齐、苗全、苗壮，这样才利于草决明丰产。

出苗后至封行前，要勤于中耕、浇水，保持土壤湿润，雨后土壤易板结，要及时中耕、松土。中耕除草后，结合间苗，进行第一次追肥，每亩施腐熟人粪尿水 500kg；第二次在分枝初期，中耕除草后，每亩施人粪尿水 1 000kg，加过磷酸钙 40kg，促进多分枝，多开花结果；第三次在封行前，中耕除草后，每亩施腐熟饼肥 150kg，加过磷酸钙 50kg，促进果实发育充实，籽粒饱满。当苗高 60cm 时，进行培土以防倒苗。

草决明生长期需水比较多，特别是苗期，幼苗生长缓慢，不耐干旱，注意勤浇水，经常保持畦面湿润；雨季要注意排水，长期水积，容易枯死而造成减产。

五、病虫害防治

地老虎为害状如下图。防治方法参考红花。

六、种子采收

草决明南繁生长周期 120 d 左右，花期在种植 1~2 个月后，果期为 2~4 个月后，种子收获主要在 3 月至 4 月底。每株的种子量 400 粒左右。

第七章　薏　苡

一、薏苡介绍

薏苡（*Coix lacryma-jobi* L.）禾本科薏苡属植物。薏苡仁为我国大宗常用中药材，利水渗湿，健脾止泻，除痹，排脓，解毒散结。用于治疗水肿，脚气，小便不利，脾虚泄泻，湿痹拘挛，肺痈，肠痈，赘疣，癌肿。

一年生粗壮草本，须根黄白色，海绵质。秆直立丛生，高100cm 左右，具节，节多分枝。叶鞘短于其节间，无毛；叶舌干膜质；叶片扁平宽大，开展，基部圆形或近心形，中脉粗厚，在下面隆起，边缘粗糙，通常无毛。总状花序腋生成束，直立或下垂，具长梗。雌小穗位于花序之下部，外面包以骨质念珠状之总苞，总苞卵圆形，珐琅质，坚硬，有光泽；总状花序，无柄雄小穗，第一颖草质，边缘内折成脊，具有不等宽之翼，顶端钝，具多数脉，第二颖舟形；外稃与内稃膜质；有柄雄小穗与无柄者相似，或较小而呈不同程度的退化。

二、栽培前期准备

前作收获后，及时整地，首先深翻，深约 30cm，深耕时施堆肥或杂肥，每亩约 2 000kg，春季播种前再翻一次，耙细整平，做成 1.3m 宽的畦。如在山坡种植一般不做畦，但要开好排水沟和栏山堰，防止雨季雨水冲刷。

三、播种

忌与禾本科作物轮作。与禾本科作物轮作易得黑粉病，如下图。

（1）种子处理　①沸水浸种：用清水将种子浸泡一夜，装入篾箕，连篾箕在沸水中拖过，同时快速搅拌，以使种子全部受烫，入水时间在5~8s，立即摊开，晾干水气后播种。每次处理种子不宜过多，以避免部分种子不能烫到，烫的时间不能超过10s，以防种子被烫死不能发芽。②生石灰浸种：将种子浸泡在60~65℃的温水中10~15min，捞出种子用布包好，用重物压沉入5%的生石灰水里浸泡24~48h，取出以清水漂洗后播种。③用1:1:100的波尔多液浸种24~48h后播种。为避免播种后被鸟类啄食造成缺苗，播前可用毒饵拌种。

（2）播种方法　通常习惯采用点播，穴距30cm，穴深6cm上下，每穴种籽6~8粒，每亩用种4~6kg。播后亩施拌有人畜粪尿的火灰300~400kg于穴中，再覆土与地面相平。

四、田间管理

（1）间苗定株 幼苗长有 3~4 片真叶时间苗，每穴留苗 4~5 株，大面积生产，如能掌握种子用量且能保障出全苗，也可以不必间苗。

（2）中耕除草 通常进行三次，第一次结合间苗进行；第二次在苗高 30cm 上下时，浅锄，特别要注意勿伤根部；第三次在苗高 50cm、植株尚未封畦前进行，注意不要弄断苗茎，并适时培土，以避免后期倒伏。

（3）施肥 生长前期为提苗，应着重施氮肥，后期为促壮杆孕穗，应多施磷钾肥。第一次中耕除草时，每亩施人畜粪尿 1 000~1 500kg，或硫酸铵 10kg；第二次中耕除草前，用火灰拌人粪尿 100kg，在离植株 10cm 处开穴施入，中耕时覆土；第三次在开花前于根外喷施 1%~3% 的过磷酸钙溶液，过磷酸钙用量掌握在每亩 7.5~10kg。

（4）浇水 薏苡播种后如遇春旱，应及时浇水灌溉，供其发芽。拔节、孕穗和扬花期，如久晴不雨，更亦灌水，以防土壤水分不足，果粒不满，出现空壳。雨季也要注意排除积水。

五、病虫害防治

目前较为严重的病害为黑粉病，该病的产生主要是在前茬为水稻时栽培产生。防治方法用 50% 的百菌清 300 倍液进行种子处理或在抽穗前施用有一定的抑制作用。建议不要与禾本科作物轮作。

虫害主要为蚜虫为害，蚜虫可以刺吸薏苡的茎和叶的汁液，导致植株枯萎死亡，为害状（如下图）。防治方法是使用 10% 吡虫啉可湿性粉剂 1 500 倍液防治，或者 1 000 倍液的高效氯氰菊酯防治。

六、种子采收

薏苡南繁生长周期 130d 左右，花期在种植 2~3 个月后，果期为 3~4 个月后，种子收获主要在 3 月至 4 月底。每株的种子量 500 粒左右。

第八章 苦地丁

一、苦地丁介绍

苦地丁为罂粟科植物紫堇（*Corydalis bungeana* Turcz.）全草，具有清热解毒，散结消肿。用于时疫感冒，咽喉肿痛，疔疮肿痛，痈疽发背，疖腮丹毒作用。分布在甘肃中部、陕西北部、山西、山东、河北和辽宁南部。

草本无毛，具细长的直根。茎直立或渐升，通常分枝。基生叶和茎下部叶具长柄；叶片轮廓卵形，三至四回羽状全裂，一回裂片 2~3 对，轮廓斜宽卵形，具细柄或几无柄，小裂片狭卵形至披针状条形。总状花序；苞片叶状；有花梗；萼片小，近三角形；花瓣淡紫色，内面花瓣顶端深紫色，蒴果狭椭圆形。生平原或丘陵草地或疏林下。

二、栽培前期准备

深翻土地，耕深达到 20cm 以上。每亩施入充分腐熟的有机肥 2 000kg 作基肥，同时施入硫酸钾型复合肥 50kg，然后耙细整平作畦，使土壤和肥料充分混匀。

三、播种

（1）播期和播量　不经沙藏的种子播种时间一般在 8 月上旬至 8 月底。经沙藏后的种子播种时间一般在 8 月底至 9 月上旬。播种量为 1.5kg/ 亩。

（2）种子沙藏方法　播种前将苦地丁种子按种沙 2∶3 的比例搅

拌均匀，边搅拌边加水，以手握紧能成团，落地能散开的湿度为宜。将拌好的种子放在湿麻袋上，置于阴凉处，并用湿麻袋盖好。常温沙藏处理 10~15d，沙藏期间保持湿度，并时常翻动，随时观察，如发现有个别种子发芽立即播种。

（3）播种方法　采用宽沟条播，行宽 10cm，深度不超过 1cm，行距 20cm。将种子均匀撒入沟中，覆土后踩实。

四、田间管理

出苗期间保持土壤湿润，苗期进行人工除草，禁止使用任何除草剂。天旱时适当浇水；雨后及时排水防止田间积水。11月中旬入冬前浇一次冻水。冬季作好清园工作。将枯枝落叶、杂草等及时清理干净，运出田外后进行高温无害化处理。翌年春季返青时，结合浇水可追施尿素 $10kg/667m^2$。封垄前再除草一次。立夏后停止浇水，以防茎、叶腐烂，降低产量。

五、病虫害防治

目前未见严重病虫害发生。

六、种子采收

苦地丁南繁生长周期 120d 左右，花期在种植 2~3 个月后，果期为 3~4 个月后，种子收获主要在 3 月至 4 月底。每株的种子量 30 粒左右。

第九章　鸡冠花

一、鸡冠花介绍

鸡冠花(*Cetera cristoto* L.)为苋科青葙属一年生草本植物。以干燥的花序入药,具收敛止血,止带,止痢的功能。用于吐血,崩漏,便血,痔血,赤白带下,久痛不止。世界各地广为栽培,除药用外,还可以作为景观植物。

鸡冠花为一年生草本植物,高 0.3~1m,全体无毛;茎直立,有分枝,绿色或红色,具显明条纹。叶片卵形、卵状披针形或披针形,宽 2~6cm;花多数,极密生,成扁平肉质鸡冠状、卷冠状或羽毛状的穗状花序,一个大花序下面有数个较小的分枝,圆锥状矩圆形,表面羽毛状;花被片红色、紫色、黄色、橙色或红色黄色相间。

二、栽培前期准备

翻土晒田，施用 500kg 厩肥每亩作为基肥。然后起畦开排水沟铺上薄膜。播种前两天浇一次透水。

三、播种

将薄膜割开约 30cm，每隔 5cm 一道，行距 30cm。并开 1.5cm 浅沟将种子均匀撒入，后用椰糠将其填平。种子播好后浇一次透水。

四、田间管理

在鸡冠花长至 4~6 片叶时间苗，将弱苗和病苗拔去。除草要及时，一般第一次间苗时杂草也会较多，因此在间苗时也要除草。苗期保持田间湿润，后期则根据叶片生长情况浇水，不宜过湿，防止根部发放腐烂，降雨过后要及时排水。施肥的原则是少量多次，一次施肥浓度或者肥料不宜过大，可以分多次施肥。

五、病虫害防治

常有烂根现象出现，原因为种植密度过大和田间积水太多，防止这种现象的建议是合理密植，保持田间干净通风；注意排水，防止田间土壤水分过大。有轻微积水或者阴雨天时，可以适当的施用草木灰或者石灰防止生病。

鸡冠花花叶病是由病毒引起的花叶病会导致植株叶片扭曲，叶色由绿色变成另一颜色，一般变白或者变黄。防治方法：保持田间干净无杂草，发现可以转播病原体的虫害（如蚜虫）要及时防治。

六、种子采收

鸡冠花的生长周期为 100d 左右，花期约在 2 月，种子成熟于 3 月中下旬。每株种子量在 200 粒左右。

第十章 丹 参

一、丹参介绍

丹参（*miltiorrhiza* Bge.）唇型科鼠尾草属植物，入药部位为干燥的根和根茎。味苦，微寒。活血祛瘀，通经止痛，清心除烦，凉血消痈。用于胸痹心痛，脘腹胁痛，癥瘕积聚，热痹疼痛，心烦不眠，月经不调，痛经经闭，疮疡肿痛。全国大部分大区都有分布。

丹参为多年生草本植物；根肥厚，外红内白。茎高 40~80 cm，被长柔毛。叶常为单数羽状复叶；侧生小叶卵形或椭圆状卵形，两面被疏柔毛。轮伞花序组成顶生或腋生假总状花序，密被腺毛及长柔毛；苞片披针形，具睫毛；花萼钟状，外被腺毛及长柔毛，花冠紫蓝色，筒内有斜向毛环，檐部二唇形，下唇中裂片扁心形；小坚果椭圆形。生山坡、林下或溪旁。

二、栽培前期准备

按 15 kg/667 m^2 的复合肥撒入田中，翻地起畦，畦高 15 cm，畦面宽 60 cm 左右。暴晒 2~3 天后盖上薄膜。

三、播种

丹参一般以分根繁殖为主，种子繁殖也可以。分根繁殖时按株距 30 cm，行距 40 cm 开穴，穴深 5~6 cm。将用以繁殖的根剪成 5 cm 左右，大的一侧向上直立栽培。种子繁殖时可以使用上述鸡冠花的播种方法进行栽培。

四、田间管理

使用分根繁殖时田间水分不宜多大，以免造成繁殖根腐烂。种子繁殖时在苗长至 4~6 片真叶时间苗以及除草，这时可以使用低浓度的水肥进行施肥。进入花期后可以进行人工授粉或者蜜蜂授粉，这样可以增加授粉成功的概率从而提高种子产量。

五、病虫害防治

目前无严重的病虫害发生。

六、种子采收

丹参生长周期约为 140d，花期 2 月下旬至 3 月，种子成熟在 4 月。种子量为 40 粒每株，属于较难南繁中药材。使用人工授粉或者蜜蜂授粉可以提高丹参授粉的概率，使种子产量提高。

第十一章　紫　苏

一、紫苏介绍

紫苏 [*Perilla frutescens* (L.) Britt.] 为唇形科紫苏属植物，紫苏子、紫苏叶和紫苏梗皆可以入药。紫苏子降气化痰，止咳平喘，润肠通便。用于痰壅气逆，咳嗽气喘，肠燥便秘。紫苏叶解表散寒，行气和胃。用于风寒感冒，咳嗽呕恶，妊娠呕吐，鱼蟹中毒。紫苏梗理气宽中，止痛，安胎。用于胸膈痞闷，胃脘疼痛，嗳气呕吐，胎动不安。

紫苏为一年生草本植物。茎高 30~200cm，被长柔毛。叶片宽卵形或圆卵形，上面被疏柔毛，下面脉上被贴生柔毛；叶柄密被长柔毛。轮伞花序组成顶生和腋生、偏向一侧、密被长柔毛的假总状花序；花萼钟状，下部被长柔毛，有黄色腺点，果时增大，基部一边肿胀，内面喉部具疏柔毛；花冠紫红色或粉红色至白色，上唇微缺，下唇 3 裂。小坚果近球形。

二、栽培前期准备

选肥沃疏松、排水良好的农田进行栽培。每亩施入腐熟厩肥或堆肥 2 000kg 作为基肥。整地翻耕，起高畦，畦面宽 60~80cm。选择饱满的，当年收的种子用清水浸泡 1h 左右，也可以不进行浸种直接播种。

三、播种

在畦上开沟，沟距 20cm，沟深 3cm 左右。将种子撒入沟内，每亩用量在 1kg 左右。播种后，覆细土或者椰糠 1~2cm。播后浇水，保持畦面土壤湿润，有利出苗。

四、田间管理

紫苏幼苗长至 6 片真叶时，拔去弱小的苗，留下壮苗；苗长到 15cm 时，进行定苗，保证栽培密度在 100 株 /m^2。如发现缺苗及时补苗。

五、病虫害防治

无严重的病虫害发生。

六、种子采收

紫苏南繁生长发育期为 90d 左右，种子成熟时叶片变黄掉落，成熟时将果穗或者全株收割，太阳晒两三天后敲打或揉搓果穗，种子就会脱落。晒干到适宜的水分，去除杂质，至于阴凉处储存即可。

第十二章　蒲公英

一、蒲公英介绍

蒲公英（*Taraxacum mongolicum* Hand.–Mazz.）菊科蒲公英属植物。有清热解毒，消肿散结，利尿通淋功效。用于疔疮肿毒，乳痈，瘰疬，目赤，咽痛，肺痈，肠痈，湿热黄疸，热淋涩痛。

蒲公英为多年生草本植物。根圆柱状，黑褐色，粗壮。叶倒卵状披针形、倒披针形或长圆状披针形，先端钝或急尖，边缘有时具波状齿或羽状深裂，有时倒向羽状深裂或大头羽状深裂，顶端裂片较大，三角形或三角状戟形，全缘或具齿，裂片间常夹生小齿，基部渐狭成叶柄，叶柄及主脉常带红紫色，疏被蛛丝状白色柔毛或几无毛。花葶1至数个，上部紫红色，密被蛛丝状白色长柔毛；头状花序；总苞钟状，淡绿色；总苞片2~3层，外层总苞片卵状披针形或披针形，边缘宽膜质，基部淡绿色，上部紫红色，先端增厚或具小到中等的角状突起；内层总苞片线状披针形，先端紫红色，具小角状突起；舌状花黄色，边缘花舌片背面具紫红色条纹，花药和柱头暗绿色。瘦果倒卵状披针形，暗褐色，上部具小刺，下部具成行排列的小瘤，顶端逐渐收缩为圆锥至圆柱形喙基，纤细；冠毛白色。

二、栽培前期准备

选择土质肥沃的沙质土壤的农田栽培，每亩施用1 500kg的农家肥。翻耕起畦。

三、播种

蒲公英可以直接播种，也可以用常温的水浸泡 1~2h 后再播种。将种子均匀撒入开好的浅沟内，再用细土或者椰糠覆盖 1cm 左右即可。

四、田间管理

间苗定苗是当苗长出 4~6 片真叶时，间去过密的弱苗、小苗。当苗有 10 片真叶时，进行定苗，保证栽培密度在 100 棵 /m² 左右。如有缺苗，应带土移栽，并及时浇水，以利于幼苗成活。注意观察田间杂草的生长，及时除草避免形成草害影响蒲公英的生长 。生长期间保持土壤湿润，不使水分过多造成徒长。施肥按每亩 10kg 复合肥的用量施用，可以施水肥或者将肥料撒入田间再浇一定的水。

五、病虫害防治

目前无严重的病虫害。

六、种子采收

蒲公英的生长周期为 110d 左右，花期在 2—3 月，种子采收 3—4 月。种植密度较大时会导致花期和种子成熟时间分散，这时要分多次采收。种子量约 100 粒每株。

第十三章　车前草

一、车前草介绍

车前（*Plantago asiatica* L.）或平车前（*Plantago depressa* Willd.）为车前科植物的干燥全草。清热利尿通淋，祛痰，凉血，解毒功效。用于热淋涩痛，水肿尿少，暑湿泄泻，痰热咳嗽，吐血衄血，痈肿疮毒。全国各地均有分布。

车前草为多年生草本植物。须根多数。根茎粗短。叶基生呈莲座状，平卧、斜展或直立；叶片草质、薄纸质或纸质，宽卵形至宽椭圆形，先端钝尖或急尖，边缘波状、疏生不规则牙齿或近全缘，两面疏生短柔毛或近无毛，少数被较密的柔毛，基部鞘状，常被毛。花序1至数个；花序梗直立或弓曲上升，有纵条纹，被短柔毛或柔毛；穗状花序细圆柱状，基部常间断；苞片宽卵状三角形，无毛或先端疏生短毛，龙骨突宽厚。花无梗；花萼萼片先端圆形，无毛或疏生短缘毛，边缘膜质，龙骨突不达顶端，前对萼片椭圆形至宽椭圆形，后对萼片宽椭圆形至近圆形。花冠白色，无毛，冠筒等长或略长于萼片，裂片披针形至狭卵形，于花后反折。雄蕊着生于冠筒内面近基部，与花柱明显外伸，花药椭圆

形，通常初为淡紫色，稀白色，干后变淡褐色。蒴果近球形、卵球形或宽椭圆球形，于中部或稍低处周裂。种子卵形、椭圆形或菱形，具角，腹面隆起或近平坦，黄褐色；子叶背腹向排列。

二、栽培前期准备

将土地整平。每亩可施用有机肥 2 000kg 左右，土壤较贫瘠的可以多施一些。将基肥均匀撒于地面后翻耕，之后作高畦，高 20cm，宽 40~50cm。将侧沟处理干净，方便雨季时排水。

三、播种

将薄膜割开 25~30cm 长的口并开一条浅沟，每隔 5cm 开一条。然后将种子播入其中，用椰糠盖住把浅沟填平即可。

四、田间管理

播完种后施水使土壤湿透，在定苗前保持土壤湿润。定苗后则根据叶片的情况浇水，不能让叶片萎蔫，大概 3~4d 浇一次水，每半月浇一次使土壤湿透的水。在花期和种子初熟使提供充足的水分。苗在有 4~6 片真叶时第一次间苗，每 5cm 留 2~3 株苗；第二次间苗则每 10cm 留 1~2 株苗。在苗期施肥时使用浓度低的水肥，每亩使用 5kg 复合肥。开花后可以增加浓度施肥。

五、病虫害防治

目前无严重的病虫害。

六、种子采收

由于果穗成熟的时间不同，因此要分批采收种子，2/3 呈褐色的果穗就可以收割，收割后的果穗在晒干后即可将种子敲打出来，然后用筛子或进行风选把杂质分出就可以进行贮藏了。

第十四章 桔 梗

一、桔梗介绍

桔梗［*Platycodon grandiflorus*（Jacq.）A. DC.］桔梗科桔梗属植物，以干燥的根入药。味苦、辛，平。归肺经。具有宣肺，利咽，祛痰，排脓的功能。用于咳嗽痰多，胸闷不畅，咽痛音哑，肺痈吐脓。桔梗为中医常用药，也可以作观赏花卉。

茎高20~120cm，通常无毛，偶密被短毛，不分枝，极少上部分枝。叶全部轮生，部分轮生至全部互生，无柄或有极短的柄，叶片卵形，卵状椭圆形至披针形，基部宽楔形至圆钝，顶端急尖，上面无毛而绿色，下面常无毛而有白粉，有时脉上有短毛或瘤突状毛，边缘具细锯齿。花单朵顶生，或数朵集成假总状花序，或有花序分枝而集成圆锥花序；花萼筒部半圆球状或圆球状倒锥形，被白粉，裂片三角形，或狭三角形，有时齿状；花冠大，蓝色或紫色。蒴果球状，或球状倒圆锥形，或倒卵状。

二、栽培前期准备

选择疏松肥沃、土层深厚的农田，基肥的施用和整地结合。将精制的有机肥（45%有机肥，各含5%氮、磷、钾）每亩200kg撒入田间之后进行翻耕。起畦，畦面宽80cm，高15~20cm。

三、播种

为缩短桔梗的南繁生长期，一般使用根茎种植。按行距25cm，

株距 15cm 开穴,穴深 15cm 左右,覆土 2~3cm。盖好土后及时浇水促进桔梗根茎生长。

四、田间管理

桔梗幼苗期时要注意杂草生长情况,及时除草保证幼苗的生长空间,封行后杂草就不好生长了。同时还要田间的水分含量,保持土壤湿润但不积水,确保田间通风良好。追肥时按每亩 15kg 的复合肥施用,可以融化做水肥,也可以在距根部 10cm 处开穴施肥。

五、病虫害防治

目前无严重病虫害。

六、种子采收

桔梗的生长周期为 170d 左右,花期为 3 月中旬至 4 月,在 5 月分批采收,属较难南繁中药材。

附表 1 各中药材品种南繁记录

品种	出苗 （d）	始花 （d）	生长周期 （d）	种子产量 （kg/ 亩）	难易	难易 原因
草红花	4~5	75~80	120~130	117 （中产）	易	—
瞿麦	4~5	60~70	130~145	73 （高产）	易	—
荆芥	5~7	55~65	100~115	35~40 （中产）	易	—
牛膝	5~6	60~70	100~110	35 （低产）	易	—
王不留行	4~8	90~100	120~140	50 （中产）	易	—
薏苡	6~8	70~75	110~125	80~100 （低产）	易	—
草决明	4~6	60~70	125~140	30~40 （低产）	易	—
车前	8~1	60~65	108~115	50~55 （中产）	易	—
鸡冠花	3~6	50~60	100~110	3~5 （低产）	易	—
蒲公英	4~5	60~70	100~110	2~3 （低产）	易	—
紫苏	6~9	50~60	85~95	28~30 （低产）	易	—
苦地丁	20~25	80~100	120~125	40~60 （中产）	易	喜阴耐寒
苦参	15~18	—	—	正常营养生 长，不开花 结籽	易	—

（续表）

品种	出苗（d）	始花（d）	生长周期（d）	种子产量（kg/亩）	难易	难易原因
防风	20~25d	—	—	正常营养生长，不开花结籽	易	—
白芷	20~25d	—	—	正常营养生长，不开花结籽	易	—
大力子	8~10d	—	—	正常营养生长，不开花结籽	易	二年生大型草本植物
川芎	5~8d	—	—	出苗后叶片发黄	易	忌高温炎热
白芍秧	6~9d	—	—	出苗后叶片萎蔫状	易	喜温暖湿润
桔梗	8~10	120~125	180~185	有种子，但较为干瘪	难	—
桔梗秧	6~8	75~80	160~170	有种子，但较为干瘪	难	种子质量差，栽培措施有待改善
柴胡	10~15	135~140	165~170	生长期长，未采种	难	生长期长，10月份播种可在4月底到5月初采种
天南星	15~18	130~135	160~175	种子未成熟就枯萎	难	易受高温影响，种子未成熟就枯萎死亡

（续表）

品种	出苗（d）	始花（d）	生长周期（d）	种子产量（kg/亩）	难易	难易原因
黄芩	6~8	80~90	140~150	生长不齐，无法自然授粉	难	自然授粉困难
丹参	8~10	90~95	150~155	生长不齐，无法自然授粉	难	自然授粉困难
丹参秧	6~8	70~75	130~140	生长不齐，无法自然授粉	难	自然授粉困难
白术秧	5~8	75~80	—	有花序不开花，种子繁殖不出苗	难	高温抑制生长
远志	8~12	125~130	—	开花不结籽	难	生长期长，授粉难
薄荷	3~5	145~150	—	开花不结籽	难	生长期长，且开花少
藿香	5~7	145~150	—	开花不结籽	难	生长期长，且开花少，授粉困难
栝楼	10~13	80~90	—	开花不结籽	难	授粉难
半夏	10~12	—	—	种子未成熟就枯萎	难	夏季高温倒苗，倒苗休眠

附表 2　　南繁品种生理周期表

品种	播种	出苗（天数 d）	现蕾期（天数 d）	始花月份（天数 d）	结实期（月份）	采收（月份）
草红花	12.12	12.15（4）	2 月（60）	2 月（75）	3 月上旬	4 月
瞿麦	12.12	12.15（4）	2 月（65）	2 月（72）	3 月中旬	5 月
荆芥	12.12	12.17（6）	1 月（50）	2 月（59）	2 月中旬	3 月
牛膝	12.5	12.10（6）	2 月（60）	2 月（71）	3 月上旬	4 月
王不留行	12.6	12.9（4）	4 月（120）	4 月（126）	4 月中旬	5 月初
薏苡	12.12	12.17（6）	1 月（43）	2 月（60）	2 月中旬	4 月
草决明	12.12	12.15（4）	1 月（38）	1 月（43）	2 月下旬	4 月
车前	12.12	12.20（9）	2 月（52）	2 月（58）	2 月下旬	3 月
鸡冠花	12.12	12.14（3）	1 月（43）	1 月（48）	2 月中旬	3 月
紫苏	12.12	12.20（9）	1 月（38）	1 月（43）	2 月中旬	3 月
柴胡	12.5	1.2（19)	4 月（125）	4 月（132）	4 月下旬	5 月下旬
桔梗秧	12.5	12.11（7）	2 月（65）	2 月（71）	3 月下旬	4 月、5 月分批采收